杂交水稻高产高效实用栽培技术

邹应斌　主编

黄　敏　万克江　副主编

U0380923

中国农业出版社

北　京

编　委　会

前言

民以食为天，食以稻为先。水稻是中国最主要的粮食作物之一，全国 65%以上人口以稻米为主食。中国水稻种植面积仅次于印度，位列世界第二，总产量居世界第一。中国水稻常年播种面积接近 3 000 万 hm^2，约占粮食作物播种面积的 30%，稻谷总产量达到 2 亿 t，占粮食作物总产量的 34%左右。

20 世纪 60 年代，第一次水稻绿色革命，即以矮秆水稻替代高秆水稻在生产上应用，株高由 140cm 以上矮化到 75～85cm，收获指数提高到 50%以上。生产上则通过增加栽插密度和增施有机肥料等措施，形成了以增加有效穗数和收获指数的高产栽培技术。70年代中期，三系杂交水稻培育成功，并开始大面积生产应用，大幅度增加了每穗粒数和千粒重。生产上则通过稀播壮秧、少本匀植、平衡施肥等措施，形成了以扩大叶面积（源）和单穗重（库）的高产栽培技术。由于矮秆水稻增源扩库受到限制，进一步增加产量的潜力有限，国际水稻研究所（IRRI）、日本于 80 年代开展了新株型水稻和超高产水稻的研究，我国农业部于 1996 年组织开展了超级水稻育种及其配套栽培技术研究，并于 2001 年育成了沈农 265、两优培九等大穗型超级稻品种，并开始应用于生产。生产上则通过适当增加穗肥比例、结合间歇灌溉的肥水运筹方法，形成了以促进大穗发育和提高结实率及充实度的高产栽培技术。

杂交水稻育种经历了从三系杂交稻、到两系杂交稻、再到亚种间超级杂交稻的创新和发展，也带动了栽培技术的进步。受益于袁隆平院士关于杂交水稻需要"良种、良法、良田、良态"协同获得高产高效的创新思路，编者团队先后提出了双季杂交稻"旺壮重"栽培技术、超级杂交稻"三定"栽培技术、杂交稻单本密植大苗机插栽培技术及其高产栽培的形态生理指标，探明了杂交水稻分蘖大穗的增产机理及氮肥高效利用的生理机制，研发了杂交水稻叶面肥"谷粒饱"、种子包衣剂"苗博士"等物化技术产品，实现了杂交水稻生产上由手工点播、手工插秧到机械精播、单苗机械插秧的技术革新，为充分发挥杂交水稻高产高效生产提供了应用理论与实用技术。

中国杂交水稻的生产应用，对于提高水稻单产和增加粮食总产作了巨大贡献，也为世界粮食增产带来了福音。20 世纪 80 年代以来，世界各水稻主产国家开始引进种植中国杂交水稻，并不断派技术人员来中国学习杂交水稻育种和栽培技术。1992 年受联合国粮农组织的委托，湖南杂交水稻研究中心为印度举办了第一期杂交水稻技术高级研修班，以后连续 3 年分别为越南、印度尼西亚、哥伦比亚、泰国、巴西、古巴等举办了杂交水稻技术高级研修班。1995 年开始，我国科技部、农业部、商务部等委托湖南杂交水稻研究中心每年举办多期（次）"杂交水稻技术国际培训班"，后来由袁隆平农业高科技股份有限公司负责杂交水稻技术的国际培训，并专门成立了"隆平高科国际培训学院"。

随着杂交水稻走向世界，编者团队也在杂交水稻栽培技术培训过程中不断总结经验，不断改进和丰富所讲授的内容。本书为国际培训班讲授内容总结，系统讲授了杂交水稻高产生理与栽培技术，共分为 9 章。第一章杂交水稻生育期与温光反应特性，重点介绍生育期及其变化，"三性"（感光性、感温性、基本营养生长性）及其应用，以及生长发育对环境条件的要求；第二章杂交水稻生长发育规律及其调控，重点介绍叶片、根系、茎秆、分蘖、稻穗生长发育，叶片生长与根系、分蘖、稻穗等器官生长发育的关系；第三章杂交水稻光合作用与干物质生产特点，重点介绍光合作用、净同化率、叶面积扩展、干物质积累过程及其分配规律、收获指数等；第四章杂交水稻营养生理与施肥技术，重点介绍氮磷钾等养分的吸收与分配规律，肥料养分利用率，土壤氮磷钾养分供应能力，施肥量与施肥时期，以及国际水稻研究所推广应用的实地施肥技术；第五章杂交水稻水分生理与节水灌溉技术，重点介绍生理需水、生态需水、灌溉定额、水分利用效率、节水灌溉技术等；第六章杂交水稻产量形成与田间诊断技术，重点介绍产量构成因子、产量构成因子的决定时期及其相互关系，关键叶龄期的叶色变化规律及其田间诊断技术；第七章杂交水稻"三定"栽培技术，重点介绍高产栽培技术策略，产量稳定性、密植、产量差距、目标产量的确定方法；第八章杂交水稻移栽（抛栽）及其育秧技术，重点介绍湿润育秧、旱育秧技术，烂秧的原因及防控技术，稻田耕整、合理密植、手插秧（抛秧）栽培的田间管理等技术；第九章杂交水稻设施育秧及大苗机插栽培技术，重点介绍种子处理、精量播种、设施育秧、简易场地育秧、机械施肥及机械插秧等技术。

　　《杂交水稻高产高效实用栽培技术》的出版，实现了作者多年的夙愿。读者对象主要是面向杂交水稻国内外培训班的学员，主管粮食生产的农业技术人员，以及从事水稻生产的农场主、专业合作社技术主管等，本书也可作为从事水稻科研、教学的专业技术人员及研究生的参考用书。作者希望该书既能反映杂交水稻产量形成的生理基础，又能接近生产实际系统介绍杂交水稻实用栽培技术。编者力求书中所引用的数据经过反复验证，并具有重演性；所提出的方法不带有偏见、并具有普遍实用性。虽然作者对书中内容进行了反复修改和补充完善，但由于杂交水稻栽培研究的内容日益丰富，加之作者水平有限，书中不足之处敬请读者批评指正！

编　者

2022 年 3 月

目　录

第一章

杂交水稻生育期与温光反应特性

　　杂交水稻的生育期及其变化既与品种遗传特性有关，又受种植地点环境条件的影响。同一品种在同一地点的同一时段种植，其生育期表现相对稳定，但同一品种在不同地点种植生育期表现出较大差异，即使在同一地点的不同时段种植，生育期的差异也较大。如果将杂交水稻的生育期划分为营养生长期、生殖生长期和灌浆结实期，发现其生殖生长期较稳定，品种间相同，均为30d，并且不受种植地点、时段的影响，而营养生长期和灌浆结实期品种间差异大，不同种植地点或者同一地点的不同种植时段均表现出较大差异。影响杂交水稻生育期的遗传特性主要指感光性和感温性，而环境条件对生育期的影响因子主要也是温度和日长的变化。同一品种种植在华南稻区比种植在长江流域稻区播种至齐穗的日数延长10~14d，而齐穗至成熟的日数缩短10~18d。

第一节　杂交水稻的生育期及其变化

一、生育期

与常规水稻相同，杂交水稻从播种到收割的整个生长发育所需的时间为全生育期，以天数（d）表示。杂交水稻生育期是指从种子出苗到成熟的天数。对于育秧移栽的杂交水稻，可将生育期分为：秧田生长期和大田生长期。秧田生长期是指出苗到移栽的天数，大田生长期是指移栽到生理成熟的天数。

由于杂交水稻的生长发育受遗传因素和环境因素的共同作用，外部形态特征会随着生长发育进程发生一系列变化。根据其变化，可将杂交水稻的生育时期划分为：出苗期、幼苗期、分蘖期、拔节期、孕穗期、抽穗期、开花期、乳熟期、蜡熟期、成熟期，其各个生育时期的形态特征如下：

出苗期：不完全叶突破芽鞘，叶色转绿；

幼苗期：主茎第三片完全叶展开；

分蘖期：第一个分蘖露出叶鞘 10mm；

拔节期：植株基部第一节间伸长，早稻达 5mm 以上，晚稻达 10mm 以上；

孕穗期：剑叶叶枕全部露出下一叶叶枕；

抽穗期：稻穗的穗顶露出剑叶叶鞘 10mm；

乳熟期：稻穗中部籽粒内容物充满颖壳，呈乳浆状，手压开始有硬物感觉；

蜡熟期：稻穗中部籽粒内容物浓黏，手压有坚硬感，无乳状物出现；

成熟期：谷粒变黄，米质变硬。

杂交水稻营养器官根、茎、叶的生长，称为营养生长；生殖器官花、果实、种子的生长，称为生殖生长。通常以幼穗分化为界限，把生长过程大致分为两个阶段，前段为营养生长期，后段为生殖生长期。进入生殖生长期后，有 3.5 片新叶与稻穗分化同时生长，为营养生长与生殖生长重叠的时间。生产上，又以抽穗期为界限，将生殖生长期划分为生殖生长期和灌浆结实期。

营养生长期。营养生长期包括幼苗期和分蘖期。从种子萌发开始至 3 叶期，称幼苗期；从第 4 片叶伸出开始发生分蘖直到拔节期分蘖停止，称为分蘖期。稀播秧苗可在秧田发生分蘖，密播秧苗在秧田一般不发生分蘖。秧苗移栽后到秧苗恢复生长时，称为返青期；返青后从分蘖发生开始到能抽穗结实的分蘖发生停止时，称有效分蘖期；此后所发生的分蘖一般不能成穗，因此从有效分蘖期至拔节期分蘖停止时称无效分蘖期。生产上要求在无效分蘖期所发生的分蘖数越少越好。营养生长期表现出叶片增多、分蘖增加、根系增长，能够为生殖生长积累必需的营养物质。

生殖生长期。生殖生长期包括稻穗分化形成的长穗期和灌浆结实的结实期。长穗期是从幼穗分化开始至出穗期止，此期经历的时间一般较为稳定，为 30d 左右。在长穗期间，营养生长如茎节间伸长、上位叶生长和根系发生仍在进行，因而可以说长穗期是营养生长和生殖生长并进期。幼穗分化与拔节的衔接关系因早、中、晚稻而异。早稻一般幼穗分化在拔节之前，称重叠生育型；中稻一般幼穗分化与拔节同时进行，称衔接生育型；晚稻一般幼穗分化在拔节之后，称分离生育型。

灌浆结实期又可分为开花期、乳熟期、蜡熟期和完熟期。结实期所经历的时间，因品种特性和当时的气温而异。

生产上，常常将大田生长期划分为：前期、中期、后期。前期指营养生长期，即从移栽（移栽稻）或者出苗（直播稻）到稻穗开始分化的时间，至少需要 40d（因品种而异）；中期指生殖生长期，即从稻穗开始分化到抽穗的时间，一般为 30d；后期指灌浆结实期，从抽穗到成熟的时间，一般为 27~50d，早稻偏短，中稻、晚稻偏长。

二、生育期的变化

杂交水稻既有早稻、晚稻、中稻、一季晚稻的栽培季节之分，也有早熟、中熟和迟熟的品种熟期之分。早熟品种生长发育快，主茎节数少，叶片数少，生育期较短；晚熟品种生长发育缓慢，主茎节数多，叶片数多，生育期较长。中熟品种则介于两者之间。

根据2007—2009年长沙大田栽培试验，筛选到一批适宜在长江中下游地区种植的杂交早稻、晚稻、中稻等品种（表1-1）。由表可知，早稻在长沙3月25日播种，株两优819（中熟品种）在6月12日抽穗，7月13日成熟；陆两优996（迟熟品种）则在6月16日抽穗，7月17日成熟。双季晚稻在长沙6月17日播种，金优299（中熟品种）在9月5日抽穗，10月10日成熟；丰源优299（迟熟品种）在9月11日抽穗，10月17日成熟。一季中稻于4月26日播种，8月11—17日抽穗，9月底到10月初成熟；一季晚稻于5月18日播种，8月16—21日抽穗，9月20—25日成熟。

表1-1 杂交水稻在长沙的适宜栽培期和主要生育期（2007—2008）

类型和品种		播种期 （月/日）	移栽期 （月/日）	拔节期 （月/日）	穗3期 （月/日）	抽穗期 （月/日）	成熟期 （月/日）
双季早稻	株两优819	3/25	4/24	5/15	5/24	6/12	7/13
	陆两优996	3/25	4/24	5/17	5/26	6/16	7/17
	两优287	3/25	4/24	5/16	5/25	6/14	7/14
双季晚稻	丰源优299	6/17	7/16	8/4	8/20	9/11	10/17
	赣鑫688	6/17	7/16	8/5	8/22	9/13	10/18
	金优299	6/17	7/16	8/1	8/15	9/5	10/10
	天优华占	6/17	7/16	8/5	8/22	9/12	10/18
一季晚稻	两优培九	5/18	6/12	7/19	7/29	8/18	9/22
	Y两优1号	5/18	6/12	7/17	7/27	8/16	9/20
	内2优6号	5/18	6/12	7/16	7/27	8/16	9/20
	中浙优1号	5/18	6/12	7/21	8/1	8/21	9/25

（续）

类型和品种		播种期 （月/日）	移栽期 （月/日）	拔节期 （月/日）	穗3期 （月/日）	抽穗期 （月/日）	成熟期 （月/日）
一季中稻	两优培九	4/26	5/21	7/14	7/24	8/14	10/2
	Y两优1号	4/26	5/21	7/11	7/22	8/11	9/28
	内2优6号	4/26	5/21	7/13	7/23	8/13	9/29
	中浙优1号	4/26	5/21	7/17	7/28	8/17	10/2

注：表中穗3期是指水稻幼穗分化第3期，剥开叶鞘和茎秆，肉眼可观察到幼穗上的白毛。

生产上，对于稻—稻、稻—油、稻—麦等一年两熟作物种植，或者稻—稻—油、稻—稻—马铃薯等一年三熟作物种植，既要每季作物高产，又要全年作物高产。如，双季稻种植要考虑早稻和晚稻的品种搭配，既要有利于早稻高产，又要有利于晚稻高产。早稻和晚稻的品种搭配要根据当地的光照、温度，以及灌溉水源等条件确定。如，湖南郴州、衡阳等湘南地区，光热资源条件好，适宜双季稻生长的时间较长，生产上可选择迟熟早稻品种搭配迟熟晚稻品种；而湖南常德、岳阳、益阳等湘北地区，适宜双季稻生长的时间较短，生产上可选择中熟早稻品种搭配中熟晚稻品种种植。

不同种植地点杂交水稻不仅全生育期表现不同，同时不同生育阶段也发生变化。同一品种种植在华南稻区比种植在长江流域播种至齐穗的日数延长，而齐穗至成熟的日数缩短，反之则播种至齐穗日数缩短，而齐穗至成熟的日数延长。不论是杂交水稻还是常规水稻，其不同生育阶段变化的品种间表现一致。从表1-2可以看出，种植在华南稻区（广西宾阳、广东怀集）的杂交水稻两优培九和Y两优1号播种至齐穗日数为105～112d，而齐穗至成熟日数为25～27d，而种植在长江流域（湖南浏阳）则分别为98d和44d左右。同样，种植在华南稻区（广西宾阳、广东怀集）的常规水稻黄华占和玉香油占播种至齐穗日数为98～104d，齐穗至成熟日数为26～28d，而种植在长江流域（湖南浏阳）则分别为91～93d和35～37d。

表 1 - 2　不同种植地点杂交水稻生育阶段变化的比较（2012—2013）

品种	广西宾阳		广东怀集		湖南浏阳	
	播种—齐穗日数（d）	齐穗—成熟日数（d）	播种—齐穗日数（d）	齐穗—成熟日数（d）	播种—齐穗日数（d）	齐穗—成熟日数（d）
黄华占*	98.7±3.5	27.0±2.2	103.7±2.1	25.7±0.9	93.0±3.7	35.0±1.4
玉香油占*	97.7±5.8	28.0±2.2	103.7±2.1	25.7±0.9	91.4±2.4	36.6±0.4
两优培九	105.3±5.3	27.0±1.4	112.3±1.2	24.7±1.2	98.4±2.8	43.4±1.2
Y两优1号	105.3±5.3	27.0±1.4	112.3±1.2	24.7±1.2	98.3±2.5	43.7±1.3

　*为常规水稻品种。

　　值得注意的是，长江中下游地区一季稻栽培可在4月中旬到5月下旬播种，播种时间的变化幅度长达40多天。生产上根据播种时间又分为中稻和一季晚稻，其中：在4月上中旬播种，8月上中旬收割的一季稻，称为中稻；在5月中下旬播种，9月下旬收割的一季稻，称为一季晚稻。在湖南湘西、湘南的高海拔地区，4月中下旬播种，9月上中旬收割的一季稻，习惯上也称为中稻。因此，一季稻可在4月上旬到5月下旬播种，8月上旬到9月底收割，收割时间的变化幅度将近60d。

　　长江中下游地区的双季稻生长期从3月下旬到10月下旬，其中，早稻在3月下旬播种，7月中下旬收割，晚稻在6月下旬播种，10月下旬收割。另外，早稻品种作晚稻种植，称为翻秋。一般全生育期为110~120d的杂交早稻品种，"翻秋"作晚稻种植则缩短到95~105d，生产上用以缓解双季稻直播栽培的季节矛盾。如果晚稻秧苗被洪水冲刷，"翻秋"种植可作为洪涝灾害之后的生产补救措施。

第二节　杂交水稻的"三性"及其应用

一、杂交水稻的"三性"

　　杂交水稻与常规水稻相同，属于喜温、感光性作物。杂交水稻的感温性、感光性、基本营养生长性习惯称为"三性"。

（一）感温性

杂交水稻具有较强的感温性。在适宜的生长发育温度范围内，高温可使其生育期缩短，低温可使其生育期延长。生产上种植的杂交水稻品种，大多具有较强的感温性，即在杂交水稻适宜生长发育的温度范围（12~28℃）内，随着温度增加，生长发育加快，生育期缩短，其缩短的生育期为可变营养生长期。因此，同一品种在相同的温度条件下生育期表现稳定，在不同温度条件下生育期会发生变化。衡量杂交水稻品种感温性强弱的指标为"高温出穗促进率（THR，%）"，以公式（1）表示。

$$THR(\%) = \frac{hd_{LS} - hd_{HS}}{hd_{LS}} \times 100\% \qquad (1)$$

式中，THR（%）为高温出穗促进率（%）；hd_{LS} 为低温短日出穗日数（d）；hd_{HS} 为高温短日出穗日数（d）。

杂交水稻生长发育速度与温度关系密切，可用积温预测其生育期。积温是指作物整个生育期内生长发育所需热量的总和，积温表示方法包括：①活动积温。通常将≥10℃的日平均温度称为活动温度，活动温度的持续生育日数之总和，称为活动积温。年≥10℃活动积温 5 300~6 500℃的地区适合种植双季杂交水稻，4 500~5 000℃的地区适合种植一季杂交水稻。②有效积温。日平均温度与生物学下限温度之差，称为有效温度，将有效温度逐日累计之和，称为有效积温。根据湖南省各地 4~10 月有效积温推测，在海拔 400m 以下地区适合双季杂交水稻种植。

$$T_A = \sum_{i=1}^{n}(Ti - Tm) \qquad (2)$$

式中，T_A 为有效积温，Ti 为第 i 日的日平均温度，Tm 为生物学下限温度，其中 $i=(1, \cdots, n)$ 为生长日数。一般杂交籼稻的生物学下限温度为 12℃，因此，式中日平均温度 $Ti \geqslant 12℃$。

由于有效积温较活动积温稳定，生产上常常以出苗至成熟期间的有效积温预测杂交水稻品种的生育期。

(二)感光性

杂交水稻发育过程中对日照长度(从日出到日落的时间)的变化做出反应，从营养生长的顶端转向生殖生长，这种现象称为感光性或光周期反应。如果适当延长黑暗时间，缩短光照时间可提早开花。与其他感光性作物一样，杂交水稻接受光周期诱导的部位是叶片，而花的形成却在茎的顶端，这表明叶片接受光周期信号后，产生某种开花物质(光敏色素)，传至顶端而诱导开花。在我国长江中下游的中纬度稻区，杂交水稻的感光性较弱或者钝感，即随着日照长度的延长或者缩短，杂交水稻的生育期基本不发生变化。在华南的低纬度稻区，杂交水稻的感光性因品种而异，杂交晚稻生产上仍有部分品种表现出较强的感光性。衡量水稻品种感光性强弱的指标为"短日出穗促进率(PHR,%)"，以公式(3)来表示。

$$PHR(\%) = \frac{hd_{HL} - hd_{HS}}{hd_{HL}} \times 100\% \qquad (3)$$

式中，PHR(%)为短日出穗促进率(%)；hd_{HL}为高温长日出穗日数(d)；hd_{HS}为高温短日出穗日数(d)。

根据湖南农业大学的研究报道，生产上大多数杂交水稻品种的高温出穗促进率为25%～35%，短日出穗促进率为15%～30%。

(三)基本营养生长性

杂交水稻的发育转变必须有一定的营养生长作为物质基础，即使在适于发育的温度和光周期条件下，也必须经过一定时间的营养生长，才能进行稻穗分化。杂交水稻在不受温度和光周期变化影响的营养生长期，称为基本营养生长期。目前生产上种植的杂交水稻品种，基本营养生长期的变化幅度为40～55d。这种基本营养生长期长短的差异特性，称为杂交水稻品种的基本营养生长性。在营养生长阶段，可受光周期和温度影响而变化的部分生长期，则称为可消营养生长期。

二、杂交水稻"三性"的应用

(一)在引种上的应用

不同地区的温光生态条件不同，异地引种时应考虑品种的温光反应特性。如感光性弱、感温性亦不强的杂交水稻品种，只要能满足品种所要求的热量条件，异地引种较易成功。中国北方杂交粳稻引到南方种植，生育期缩短，不适合在长江以南地区种植；华南地区的杂交水稻品种有较强的感光性和感温性，引至北方种植则生育期延长，甚至不能抽穗成熟。

（二）在栽培上的应用

多熟制杂交水稻的品种搭配、播种期和移栽期的安排，应考虑品种本身的温光反应特性。例如，在中国南方双季稻地区，早稻可选用感光性弱、感温性中等、基本营养生长期较长的迟熟品种。同时，在栽培上还应培育适龄壮秧，加强前期管理，有利于获得高产。晚稻则要根据当地的安全抽穗期和早稻的成熟期，选择生育期适合的品种搭配，确定适宜的播种期和移栽期。值得注意的是，生产上应用的杂交水稻，多数品种的感光性较弱，秧龄弹性较弱。由于秧龄弹性与品种的感光性关系密切，生产上如果秧龄期超过30～35d，可能出现老秧。

老秧苗移栽后表现如下：①插秧后分蘖发生迟，分蘖节位高，稻穗变小，抽穗不整齐；②插秧后主茎剑叶及下一叶片明显伸长，总叶片数减少1～2叶；③插秧后不发生分蘖，提早抽穗，造成严重减产。

（三）在种子生产上的应用

在杂交水稻的种子生产中，为了使父本、母本的花期相遇，常根据父本、母本的光温反应特性调节播种期及移栽期。如父本母本感光性、感温性差异大时，可将其感光性强、生育期长的亲本材料进行短日光周期处理，使其提早开花与生育期短的亲本花期相遇，完成杂交制种父本与母本的授粉受精过程。

三、温度-光周期的反应模式及其应用

高亮之等于1989年提出的水稻发育速度的光温模型：

$$\frac{\mathrm{d}M}{\mathrm{d}t} = \frac{1}{N} = e^{K}\left(\frac{T}{To}\right)^{P} \times e^{G(D-D')} \tag{4}$$

式中，N 为杂交水稻某一生长阶段的天数（d）；$\mathrm{d}M/\mathrm{d}t$ 为该生长阶段的发育进程，用完成该生长阶段所需天数的倒数（$1/N$）表示；T 为该生育期内的平均气温（℃）；To 为生长发育的最适温度，粳稻为28℃，籼稻为30℃；D 为该生长阶段的平均日长（h）；D' 为光周期反应的临界日长（$D'=12\mathrm{h}$）。

在适宜温度（$T=To$）和临界日长（$D \leqslant D'$）条件下，$\mathrm{e}^{-K}=No$，并且各参数的生物学意义明确：K 为基本营养性系数；No 为基本营养生长期，P 为感温性系数，G 为感光性系数。

对公式（4）取自然对数，得到生长速率模型：

$$\ln\left(\frac{1}{N}\right) = K + P \times \ln\left(\frac{T}{To}\right) + G(D - D') \qquad (5)$$

采用多元回归分析得到公式（5）中的自然对数参数值 K、P、G，再通过自然反对数计算，得到公式（4）的参数值 K、P、G。

采用日平均温度 Ti 代替生长阶段的平均温度（T），用日长（Di）替代生长阶段的平均日长（D），得到长江流域稻区播种到抽穗阶段的生育期模型：

$$M = \sum_{i=1}^{N} \mathrm{e}^K \times \left(\frac{Ti}{To}\right)^P \times \mathrm{e}^{G[Di-D']} \qquad (6)$$

编者根据湖南农业大学早期的水稻分期播种试验资料，对不同类型水稻品种出苗至抽穗阶段的发育速率进行了模拟，结果列于表1-3。从表1-3可以看出，早稻、中稻品种感温性强、感光性弱，其发育速率的快慢主要受温度影响，增加光周期对发育速度参数的影响不大，发育速度可采用非线性温度模型模拟；迟熟中稻、晚稻品种感温性强、感光性强，其发育速度决定于温度和光周期的共同作用，发育速率可采用线性或非线性温光反应模型［公式（5）］进行模拟。

按公式（6）和表1-3中的参数计算杂交水稻的发育速度 M，当累加值 $M=1$ 时，表示该类型品种播种到抽穗的生长阶段已完成，即模拟求得的长江流域稻区某一类型水稻品种播种至抽穗的日数，即累计值 N 天，或者 $Ni=N \times Mi$，其中 $Mi \leqslant 1$。

表 1-3 不同类型水稻品种出苗至抽穗阶段发育速率的模型参数

温光反应类型	品种类型	模型参数		
		K	P	G
感温型	早熟早稻	-3.878 48	1.505 31	
	迟熟早稻	-4.027 94	1.285 86	
	早熟中稻	-4.183 83	1.417 18	
	中熟中稻	-4.424 37	1.279 72	
感温感光型	迟熟中稻	-4.168 59	2.597 79	-0.339 43
	早熟晚稻	-4.204 85	2.110 07	-0.318 23
	迟熟晚稻	-4.332 43	2.167 11	-0.456 89

第三节 杂交水稻生长发育对环境条件的要求

一、根系生长发育对环境条件的要求

1. 土壤阻力 杂交水稻根系生长过程中会受到机械阻力。根系生长受阻力后,根的构造也发生变化,如维管束变小,表皮细胞数目和大小也改变,皮层细胞增大,数目增多。如果土壤耕作层比较疏松,则有利于根系生长。

2. 土壤水分 土壤水分对杂交水稻根系生长具有一定的调节作用。水分过少时,根生长慢,降低吸水能力;若水分过多时,导致根短且侧根增多。土壤水分还影响根系分布,若土壤干旱,根系偏向纵向生长,分布较深;土壤上层水分充足,根系则向水平发展,分布较浅。

3. 土壤温度 土壤温度对杂交水稻根系生长分化的影响显著。根系生长的土壤最适宜温度一般是 20~30℃。如果土壤温度过高或过低,根系吸水减少,生长缓慢甚至停止生长。

4. 土壤养分 杂交水稻根系有趋肥性。不同无机养分功能不同,如氮、磷有利于根的生长,钾对根的伸长和分枝没有直接作用，但它影响根系的生理功能。土壤不同的 pH 会影响镁、铝、铁等元素的溶解性，影响根系对养分的吸收和根系的生长。

5. 土壤氧气 杂交水稻根系有向氧性。土壤通气性良好，是根系生长的必要条件。杂交水稻维管束能有效地将氧气从叶片气孔运输到根部，使之进行正常呼吸，增加土壤的通气性和灌溉水中的氧浓度，均有利于杂交水稻根系的生长。

二、叶片及分蘖生长对环境条件的要求

影响杂交水稻叶片生长的因素有：①温度。幼苗出土后，温度对叶片生长的影响主要是生长速度、持续期和叶片的长、宽和厚度。②光照。光照对叶片生长的影响主要是光强、光质。光照强度影响叶片细胞的大小和排列，也影响叶片的形态、叶绿体的分化。③水分。当叶片生长在干旱、高温等逆境条件下，叶片会呈紧张状态延缓生长；当叶片发生萎蔫时，叶片生长减慢；当蒸腾失水过多时，叶片生长停止。

影响杂交水稻分蘖生长的因素有：①温度。杂交水稻分蘖的最适温度为 30~32℃，气温低于 19~26℃或高于 38~40℃，均不利于分蘖发生。在大田条件下，日平均气温 20℃以上才能发生分蘖。②光照。分蘖期需要充足阳光，以提高光合强度，促进发根分蘖。在自然光照下，返青 3d 后可开始分蘖，光照减至自然光强的 50% 和 20% 时，分蘖发生推迟 8~10d。当大田叶面积指数达到 4.0 时，由于株间相互遮荫，群体内部光照不足而使分蘖停止。③水分。一般要求土壤持水量 70% 以上时，才有利分蘖发生。分蘖期受旱，稻株体内各种生理功能受阻，主茎对分蘖及分蘖芽的营养供应减少，也不利于分蘖正常生长。在 26~36℃，土壤持水量 80% 时分蘖最多；在 16~21℃，土壤持水量达到 100% 时，分蘖发生最少。故灌深水和重晒田均能抑制分蘖的发生。④氮素。分蘖期氮素水平高，分蘖发生早而快，分蘖期延长；反之，分蘖发生迟而慢，分蘖期缩短。有研究发现，分蘖期叶片含氮量在 35g/kg 以上时分蘖旺盛，减少到 25g/kg 时分蘖停止，下降到

15g/kg 以下时则弱小分蘖逐渐死亡；当土壤铵态氮浓度下降到
80mg/kg 以下时，分蘖生长缓慢，下降到 50mg/kg 以下时，分蘖
生长停止，下降到 35mg/kg 以下时，分蘖开始死亡（蒋彭炎，
2009）。

三、稻穗形成及开花结实对环境条件的要求

在幼穗分化或花芽分化期间要求一定温度，如杂交水稻幼穗分
化适温为 26～30℃，当日平均气温 18℃ 以下时，可引起枝梗、颖
花退化，甚至引起不育。杂交水稻花器分化要有足够营养，但氮
肥过多，使营养器官生长过旺，会影响幼穗或花芽分化。穗分化
期是水稻生理需水最多的时期，尤其是花粉母细胞减数分裂期
对水分最敏感。一般要求土壤含水量达到最大持水量的 90% 以
上，土壤持水量为 45%～50% 时影响颖花发育。孕穗期受淹
1d 以上，会出现畸形穗或颖花，其受害程度随淹水时间和深度
而变化。

杂交水稻开花的最适温度为 25～30℃，但当日平均气温低于
20～22℃ 或日最高气温高于 35℃，裂药就受影响。气温低于 20℃，
裂药散粉困难，花粉粒发芽慢，花粉管伸长迟缓；气温高于 40℃，
花药易干枯，花粉管伸长变态，导致受精不良。

抽穗扬花期缺水，影响开花受精，空粒增多。灌浆期缺水，影
响有机物向籽粒输送；但如长期深灌，土壤缺氧，则根活力和叶片
同化能力减弱，稻株早衰，秕粒增多，粒重减轻。开花受精的适宜
空气相对湿度为 70%～80%，湿度过高过低对花丝生长、花药开
裂、花粉管伸长均不利，影响受精。

抽穗灌浆期的叶片含氮量与光合能力有密切关系。一般要求
稻株含氮量不低于 12.5g/kg，叶片含氮量不低于 20g/kg。因此，
抽穗期巧施粒肥，能延长叶片寿命，提高光合效率，防止根系
早衰。

需要指出的是，从多熟制杂交水稻适度规模生产来说，需要培
育短生育期的品种，一般双季稻全生育期为 110～115d，其中早稻

出苗至抽穗约 85d，抽穗至成熟 25～30d，晚稻则分别为 75d 左右和 35～40d。一季稻前作油菜或者小麦，其中油菜要求在 5 月下旬采用机械化收割，9 月下旬开沟免耕撒播。油菜茬后杂交水稻全生育期一般为 135d 左右，才能满足稻—油或稻—麦两熟种植全程机械化生产的需要。

第二章

杂交水稻生长发育规律及其调控

　　杂交水稻具有根系和分蘖生长的明显优势，但其根、茎、叶及稻穗等形态器官的生长发育与常规水稻没有差异。杂交水稻叶片的生长发育与根系、分蘖的生长具有同伸关系，即第 n 叶片与 $n-3$ 节位的分蘖、$n-3$ 基部节位的根系同时发生。以叶龄表示出叶速度，并作为稻穗分化、拔节及分蘖生长发育的诊断指标，叶片颜色变化可作为田间氮肥施用的重要参数。杂交水稻与常规水稻的理论分蘖数没有差异，但在田间条件下杂交水稻表现出明显的分蘖优势及其分蘖成穗优势，这是杂交水稻可采用单本栽插的重要理论依据。杂交水稻分蘖生长及达到最高分蘖期的时间既受光照、温度的直接影响，表现出年度间差异，又受栽插密度及氮肥用量的间接影响，即通过调节叶面积的扩展间接影响分蘖的发生。稻穗分化始期是杂交水稻由营养生长阶段进入生殖生长阶段的重要标志，其叶龄余数为 3.5，即进入生殖阶段后有 3.5 片新叶与稻穗发育同步。可用叶龄余数作为稻穗分化过程的诊断指标。

第一节 杂交水稻叶的形态
建成与生长发育

叶片是水稻最重要的光合器官，生产上常以群体叶面积或叶面积指数来衡量水稻的光合生产能力（源），以叶片的颜色变化作为水稻氮素营养的田间诊断指标。

一、叶片的形态

水稻的叶片互生于茎的两侧，分为叶鞘和叶片两部分，在叶鞘与叶片的交界处有叶枕、叶耳和叶舌。叶鞘分为表皮、薄壁组织、维管束和机械组织等部分，卷抱在茎的周围，呈绿色、红色、紫色。叶舌为膜状，无色。叶耳较小由较肥厚的薄壁细胞组成，边缘有茸毛，在叶鞘上端环抱茎秆，叶枕与叶片主脉连接呈三角形。叶片的气孔排列整齐，茎秆上部的叶片气孔较多，同一叶片中亦以先端较多，表面比背面气孔多。

二、叶片数及叶龄增长速度

杂交水稻的主茎总叶片数与品种类型、生育期有关。一般早稻品种有 11～13 片叶，晚稻品种 14～15 片叶，一季稻品种有 15～17 片叶。值得注意的是总叶片数不包括不完全叶，即有叶鞘、没有叶片的不完全叶片。

叶片的生长速度可以用叶龄增长速度来表示。杂交水稻叶龄增长速度既受遗传特性的影响，也与环境温度有关。作者根据2002—2010 年湖南省宁乡市水稻苗情观测资料，将杂交早稻金优974 和晚稻威优 46 不同年度间叶龄增长速度整理归纳为图 2 - 1，发现在播种期、移栽期相同条件下叶龄增长速度存在年度间差异，杂交早稻和晚稻品种间表现一致。

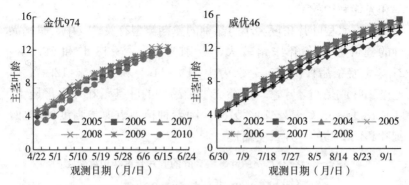

图 2-1　大田栽培条件下双季杂交早稻（左）与
晚稻（右）主茎叶龄增长动态

注：根据湖南省宁乡市农业局 2002—2010 年水稻苗情观测资料整理。

三、叶片角度和长度

杂交水稻叶片形态与群体透光率和光合速率关系密切。叶片角度及其披垂度主要决定于品种的遗传特性，又受栽培环境条件的影响，是育种和栽培研究的重要指标。叶片角度有基角、开张角和披垂度之分，但一般叶片角度是指叶片的基角（图 2-2）。叶基角是指茎秆向上方向与叶片直立部

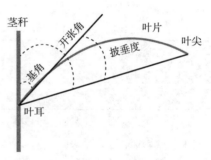

图 2-2　水稻叶基角、开张角和
披垂度示意图

分的夹角；开张角系茎秆向上方向与叶尖至叶耳连线的夹角；披垂度则是指开张角与叶基角之间的差值。不同类型水稻品种的叶片角度不同，以传统的地方高秆品种叶基角最大，接近 90°。随着品种的改良，水稻的叶片倾向于直立，与茎秆的夹角越来越小。其中，改良的矮秆水稻叶基角不到 40°，高产杂交水稻叶基角不到 20°。叶片角度越小，越有利于冠层透光，提高群体光合速

率和光能利用效率。

杂交水稻叶片角度大小与品种的熟期类型有关。其中，早稻品种的剑叶基角和开张角较大，分别为 12.5°～18.1°和 12.9°～21.3°；晚稻品种次之，分别为 10.1°～11.1°和 10.6°～12.4°。不论是剑叶或是倒 2 叶，均以杂交中稻品种的叶基角和开张角最小，叶片长度最长（表 2-1）。另外，随着种植地点海拔高度的增加，剑叶和倒 2 叶的叶片长度缩短。

表 2-1 杂交水稻剑叶、倒 2 叶的叶片长度和角度变化

（2007—2008，长沙）

类型	品种	剑叶			倒 2 叶		
		基角（°）	开张角（°）	长度（cm）	基角（°）	开张角（°）	长度（cm）
早稻	株两优 819	12.5	12.9	26.3	13.3	20.6	35.5
	陆两优 996	13.5	16.0	31.2	17.2	27.5	38.4
	两优 287	18.1	21.3	29.2	20.7	28.9	33.3
晚稻	丰源优 299	10.2	12.4	31.9	20.4	24.7	49.7
	淦鑫 688	10.1	10.6	26.2	16.9	22.6	48.5
	金优 299	11.1	11.6	29.9	21.5	28.3	50.4
中稻	Y 优 1 号	8.8	10.3	45.6	10.2	11.6	50.7
	两优培九	9.6	10.6	42.6	9.9	10.9	54.2
	中浙优 1 号	9.4	10.7	38.5	12.8	13.6	52.5

杂交水稻叶片角度、长度与施氮量有关。在不同施氮量条件下，随着施氮量的增加早稻陆两优 996 上部 3 片叶的长度均延长，剑叶披垂度加大。当施氮量达到 180kg/hm² 条件下，叶片的披垂度明显加大。

杂交水稻叶片角度、长度还与栽插密度有关。在不同栽插密度条件下，随着栽插密度增加，杂交水稻上部 3 片叶的叶片长度均缩短，叶片基角、开张角、披垂度均减小，杂交早稻与杂交晚稻品种间表现一致。

由此可见，采用低氮、密植栽培有利于缩小杂交水稻上部功能叶片的角度和长度，从而改善群体内部的通风透光条件，增强杂交水稻的群体光合作用和干物质生产。

第二节 杂交水稻根的形态建成与生长发育

一、根系的形态

杂交水稻属须根系，有种子根和不定根两种。种子根又称初生根，只有一条，由胚根直接发育而成。不定根又称次生根，由茎基部的茎节上生出，其上再发生支根。根的顶端有生长点，外有帽状根冠保护。根的数量、长度、分布、伸展角度等随环境条件而变化。根的横向剖面由中柱、皮层和表皮等构成，中柱内有木质部的大导管呈辐射状排列，韧皮部与后生木质部相间排列。杂交水稻不仅表现出强大的产量优势，而且在根系的生长和生理机能上也有明显优势，其根系形态明显优于常规水稻。

根系形态（根数、根长、根直径、根表面积、根体积）是反映根系生长状况的重要指标。研究表明杂交水稻（两优培九、Y两优1号、协优9308）根系形态表现出明显的优势，其根数、根粗、根表面积、根体积和根干重都明显优于常规水稻（黄华占、玉香油占），其根系生长优势随着生育进程的推进而表现更加明显。其中，根干重的平均增幅为15%左右。研究还发现杂交水稻抽穗前后的根系生长存在品种间差异，Y两优087抽穗期和成熟期的粗根根长和根表面积不如特优838，但其生育后期细根（根直径<0.5mm）生长优势明显，抽穗期和成熟期细根的长度和表面积均明显高于特优838（图2-3）。

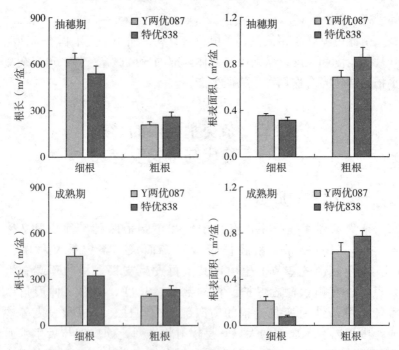

图 2-3 杂交水稻细根和粗根的根长和根表面积比较（2015—2016，长沙）

二、根系的分布

根系在土壤中的分布关系到作物对水土资源的利用，进而影响地上部生长发育和产量形成。朱德峰等（2000）研究表明，高产水稻上层根（0~5cm）对产量的贡献约为65%，下层根（5~20cm）对产量的贡献约为35%，土层20cm以下的根系对产量影响不大。

分蘖期杂交水稻根量随分蘖的增加而不断增加，且根系横向生长显著，拔节以后根系转向纵深伸展，孕穗期至抽穗期根系生长量达到最大值，以后逐步下降。袁小乐等（2010）研究发现，杂交早稻0~5cm根系所占比例最大，为52%~57%，5~10cm根系所占比例次之，为32%~36%，10~15cm根系所占比例为11%~14%；杂交晚稻0~5cm、5~10cm、10~15cm根系所占比例分别为 53%～65%、22%～33%、10%～17%（表 2 - 2）。

表 2 - 2　双季杂交水稻抽穗后 15d 的根系干重及其分布

（袁小乐等，2010）

类型	品种	0～5cm 根系		5～10cm 根系		10～15cm 根系		总干重 (g/穴)
		干重 (g/穴)	比例 (%)	干重 (g/穴)	比例 (%)	干重 (g/穴)	比例 (%)	
杂交早稻	陆两优 996	1.59	52.82	1.00	33.22	0.42	13.95	3.01
	株两优 819	1.42	56.80	0.80	32.00	0.28	11.20	2.50
	金优 463	1.36	52.11	0.89	34.10	0.36	13.79	2.61
	金优 402	1.23	52.56	0.85	36.32	0.26	11.11	2.34
杂交晚稻	天优华占	1.09	53.43	0.68	33.33	0.27	13.24	2.04
	培杂泰丰	1.16	64.77	0.44	25.00	0.18	10.23	1.78
	淦鑫 688	1.05	61.06	0.38	22.09	0.29	16.86	1.72
	汕优 10 号	1.09	62.64	0.42	25.29	0.21	12.07	1.72

三、根系活力

根系氧化力是表示水稻根系活力的重要指标。图 2 - 4 表明，施氮量对早稻中早 22 和陆两优 996 的根系氧化力的影响明显；早

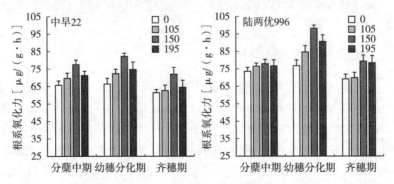

图 2 - 4　不同施氮量（kg/hm²）对早稻根系氧化力的影响（2007—2008，长沙）

（左：常规水稻中早 22；右：杂交水稻陆两优 996）

稻品种各生育期的根系氧化力均随施氮量的增加呈先增加后减小的趋势，在施氮量为150kg/hm²时根系氧化力达到最大值。从不同生育时期来看，根系氧化力均在幼穗分化期达到最大值。但是，当施氮量达到195kg/hm²时，根系活力不升反降，其原因有待进一步研究。

第三节 杂交水稻茎秆的形态 建成及株高的变化

一、茎秆的形态

杂交水稻的茎一般呈圆筒形，中空，茎上有节，上下两节之间称节间。茎秆基部节间伸长不明显，称为分蘖节；茎的上部有4~7个明显伸长的节间，形成茎秆。节表面隆起，内部充实，外层是表皮，细胞壁很厚，节组织中的厚壁细胞充满原生质，活力旺盛。节的髓部与其上下节中心腔分界处为横隔壁，将两个中心腔隔开。叶、分蘖及根的输导组织都在茎内汇合。节间的横向剖面可分为上表皮、下表皮、薄壁组织、维管束和机械组织等部分，内部有中心腔，外部有纵沟，每个节间下部幼嫩部分为分生组织，称居间分生组织，由叶鞘保护。茎节是稻株体内输气系统的枢纽，节部通气组织还与根的皮层细胞相连，形成了从叶片到根系之间以茎节部分为通气组织的输气系统。

二、株高及其变化

杂交水稻生育期长的品种茎节数和伸长节间数较多，生育期短的品种较少。每片叶有1个茎节，加上芽鞘节、不完全叶节、穗颈节，即茎节数比叶片数多3个。杂交水稻的株高是指地上部至穗顶的距离，株高与主茎的伸长节间数有关，一般杂交水稻生产上推广应用的品种，早稻株高为82~95cm，穗长为19~21cm，伸长节间数为3~4个；晚稻株高为97~102cm，穗长为22~24cm，伸长节间数为4~5个；一季晚稻株高为112~125cm，穗长为25~27cm，伸长节间数为 5～7 个。

杂交水稻株高主要受遗传基因控制，但也受栽培环境的影响。在不同生态条件下同一品种株高差异较大。如，Y 两优 1 号在广东怀集早季栽培株高为 108cm，晚季栽培为 91cm。Ⅱ优 838 株高变化与种植地点纬度和海拔有关，表现为随着种植地点纬度的升高，株高增加；随着海拔的升高，株高变矮。如，准两优 527 在湖南桂东（海拔 720m）种植株高 112cm，在湖南南县（海拔 30m）种植株高 125cm，两地株高相差 13cm。株高变矮有利于增强水稻的抗倒伏能力，这就是为什么有的品种（准两优 527）在低海拔地区种植常常发生倒伏，在高海拔地区种植则一般不发生倒伏。

值得指出的是，20 世纪 60 年代生产上用矮秆水稻（75～85cm）替代高秆水稻（≥140cm），通过增加栽插密度以增加有效穗数获得高产，但后来发现矮秆水稻进一步增产的潜力受到限制，育种家通过培育耐肥抗倒的高产品种，株高由矮秆水稻的 80cm 左右增加到 120cm 以上，株高的增加大幅度增加了叶面积指数和干物质生产，维持 50％～55％的收获指数。可见，杂交水稻在不发生倒伏的前提下，株高越高越有利于形成高产。

第四节　杂交水稻分蘖的发生及其成穗

一、分蘖的发生

杂交水稻随着新叶和分蘖的发生，株型逐渐散开，称为散蔸。散蔸快，表示生长旺盛。分蘖末期晒田后，株型再度竖立，有利通风透光。在基本苗相同时，单株成穗数较多的群体，产量较高；在穗数相同时，基本苗较少的群体，产量较高。这是由于主茎和分蘖之间存在着营养物质交流现象，分蘖的发生对整个植株的生长发育有着积极的促进作用。

稻茎上每一个叶腋中有一个分蘖芽，分蘖芽在适宜的条件下生长发育形成分蘖。芽鞘节的分蘖原基已在胚发育过程中停止生长，不完全叶的分蘖原基会在发芽过程中停止生长，第一完全叶最早发生分蘖，茎节间开始伸长的叶位不再发生分蘖，即最迟发生分蘖的节位。当主茎第一完全叶腋的分蘖抽出时，主茎的第四叶伸出，主茎第二叶腋的分蘖与第五叶的叶片同时伸出，这就是叶片与分蘖的同伸规律，即：n 叶抽出 $\approx n-3$ 叶节位分蘖的第一叶抽出。同样，在分蘖上也可以发生分蘖，主茎节位发生的分蘖称为第一次分蘖，第一次分蘖节位发生的分蘖称为第二次分蘖，以此类推。

从表 2-3 可以看出，主茎叶片数 12 的品种，理论上当第 8 片叶生长时，可发生 12 个分蘖，其中一次分蘖 5 个，二次分蘖 6 个，三次分蘖 1 个。但是，在田间生长环境条件下，水稻分蘖发生常常会产生缺位现象。生产上，第 1、2 节位的分蘖，由于植株光合产物缺乏，常常造成分蘖缺位。另外，移栽时秧苗受到损伤，会引起 1~2 个节位分蘖发生的缺位。如，5 叶期移栽的秧苗，会引起主茎第 2、3 节位分蘖的缺位；6 叶期移栽秧苗，会引起主茎第 4、5 节位分蘖的缺位。在田间栽培环境条件下，无论是杂交水稻还是常规水稻，实际发生的分蘖数要比理论分蘖数少。但是，杂交水稻由于营养生长旺盛，分蘖优势强，在稀播壮秧的条件下，一般不会发生分蘖缺位现象，甚至分蘖鞘节位也常常发生分蘖。

表 2-3　杂交水稻主茎叶龄及其理论分蘖数

主茎叶龄	一次分蘖	二次分蘖	三次分蘖	四次分蘖	总分蘖数
4	1				1
5	2				2
6	3	1			4
7	4	3			7
8	5	6	1		12
9	6	10	4		20
10	7	15	10	1	33
11	8	21	20	5	54

　　如果杂交水稻品种与常规水稻品种的叶片数相同，其理论分蘖数是没有差异的。但是在大田栽培条件下，杂交水稻常常表现出明显分蘖优势。从图 2-5 可以看出，如果每穴栽插的基本苗数（2 苗/穴）相同，在稀植（10～19 穴/m²）栽培条件下，杂交水稻 Y 两优 1 号比常规水稻玉香油占的分蘖优势明显，但随着栽插密度的增加，其分蘖优势会逐渐减弱。这就解释了杂交水稻栽插的基本苗数少，甚至在单苗稀植栽培条件下仍然可满足高产所需的总苗数。

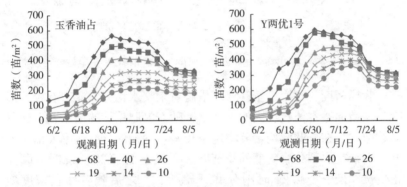

图 2-5　不同栽插密度（穴/m²）对常规水稻（玉香油占）和杂交水稻（Y 两优 1 号）分蘖动态的影响（2012—2013，长沙）

　　杂交水稻分蘖生长的速度与温度有关，在移栽后 7d，当日平均温度达到 20℃以上，分蘖开始生长。温度越高，分蘖生长越快。与叶龄增长动态的变化趋势一致，杂交水稻品种的分蘖增长动态也存在品种间差异和年度间差异（图 2-6）。图 2-6 表明同一品种在相同日期播种、移栽，分蘖增长速度存在年度间差异，达到最高分蘖期的日期也不相同。生产上杂交水稻在移栽后 20～25d，达到最高分蘖期。研究还表明在同一地点的相同日期播种、移栽，不同杂交水稻品种的分蘖增长速度不同，但各品种达到最高分蘖期的日期相同。

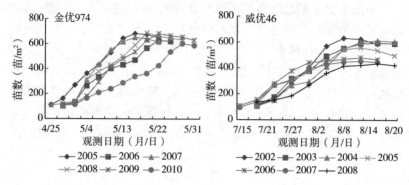

图 2-6　大田栽培条件下双季杂交早稻（左）和晚稻（右）
分蘖消长动态的年度间差异

（根据湖南省宁乡市农业局 2002—2010 年水稻苗情观测资料整理）

　　栽插密度、氮肥用量等栽培措施对杂交水稻分蘖能力有较大影响。在栽插基本苗数相同的条件下，随着氮肥用量的增加，单株分蘖数增加。在分蘖前期，分蘖速率较慢，中期的分蘖速率大幅度上升。当杂交水稻分蘖盛期的功能叶片含氮率低于 25g/kg 时分蘖停止生长，低于 15g/kg 时则分蘖开始死亡。之后随着移栽密度增加，单株分蘖数减少，单位面积分蘖数及有效穗数增加。在稀植栽培条件下，单株分蘖数多于密植栽培，有效分蘖期及高峰期后延，分蘖高峰后的分蘖数下降缓慢。

二、分蘖的成穗

　　杂交水稻的分蘖分为有效分蘖（每穗实粒数 5 粒以上）和无效分蘖两部分。一般在主茎拔节期具有 4 片叶以上的分蘖能抽穗结实，成为有效分蘖。在田间苗数过多、群体过大的条件下，杂交水稻的无效分蘖在孕穗到抽穗期会迅速死亡。在无效分蘖的死亡过程中，只有极少量的光合产物能够转移到临近的有效分蘖。因此，过多的无效分蘖不仅会造成营养生长物质的浪费，还会由于分蘖间的相互竞争影响有效分蘖的生长发育和稻穗的形成。

田间单位面积总苗数达到预期有效穗数的日期，称为有效分蘖终止期。杂交水稻群体达到有效分蘖终止期的日期，一般在栽秧后 $15\sim20d$，但与栽秧后的温度、栽插密度及每穴栽插的基本苗数有关。杂交水稻有效分蘖终止期的叶龄，等于主茎总叶片数减去伸长节间数的叶龄期（凌启鸿，1996）。例如，陆两优 996 的总叶片数为 13（记为：$n=13$），伸长节间数为 4 个节间（记为：$M=4$），有效分蘖终止期的叶龄期为 9 叶期，即为 $n-M$ 的叶龄期。在主茎第 9 片叶或 9 叶期之前发生的分蘖为有效分蘖，9 叶期以后发生的分蘖一般为无效分蘖。如果栽插的秧龄期较长（25d以上），生产上达到有效分蘖终止期的叶龄期需要延迟一个叶龄期（即：$n-M+1$）。在适宜的栽插密度、施氮量等正常栽培条件下，杂交水稻达到有效分蘖的终止叶龄期，早稻为 9 叶期，晚稻、一季稻为 10 叶期。

分蘖成穗率是指单位面积的有效分蘖穗数占总分蘖数的百分率，但在生产上计算成穗率时，常常包括主茎在内的总苗数。杂交水稻由于栽插的基本苗数少，其分蘖成穗率高于常规水稻，生产上一般达到 70% 以上。成穗率高的杂交水稻群体，有利于促进大穗发育和后期群体光合生产。杂交水稻分蘖每增加一个节位，则分蘖的叶片数会减少一片。因此，发生早而节位低的分蘖，叶片数多、发根节位多，分蘖容易形成大穗和高成穗率群体。高成穗率群体基部节间缩短，叶片与茎秆夹角小、生育后期单茎仍能维持较大的绿叶面积，有利于大穗发育和提高群体光合生产能力。

由此可见，提高分蘖的成穗率，既能控制拔节期至抽穗期无效叶面积的增长，又能延缓抽穗后功能叶片的衰老，有利于提高结实率，增加千粒重。因此，应适当控制分蘖的发生，有利于促进有效分蘖的生长，提高群体的成穗率。

第五节 杂交水稻稻穗的形态建成

一、稻穗的形态及分化过程

稻穗为复总状花序,由穗轴、一次枝梗、二次枝梗、小穗梗、小穗组成。根据常规水稻的划分方法,同样可将杂交水稻的稻穗分化过程划分为 8 期(表 2-4),也可以采用叶龄余数法将其划分为 5 期。叶龄余数法是从倒 4 叶抽出 1/2 开始,每经历 1 个出叶周期,穗分化进程就推进 1 期,即:苞原基分化期(倒 3.5 叶伸出,约 3d),枝梗原基分化期(倒 3 叶伸出,约 6d),小穗(颖花)原基分化期(倒 2～1.2 叶伸出,约 7d),花粉母细胞形成及减数分裂期(倒 1.2 叶伸出,约 4d),花粉粒充实完成期(孕穗,约 10d)。

表 2-4 水稻幼穗分化阶段及特点

(刁操铨,1995)

分化阶段	特 点
第一苞原基分化期	生长锥基部产生环状突起,第一苞分化处即穗颈节
第一次枝梗原基分化期	第一次枝梗原基在生长锥基部出现,并由下而上依次产生
第二次枝梗、小穗原基分化期	第二次枝梗原基在顶端一次枝梗基部产生,顶端小穗出现颖片原基
雌雄蕊形成期	顶小穗内外稃出现雌雄蕊原基
花粉母细胞形成期	花粉母细胞形成
花粉母细胞减数分裂期	花粉母细胞经减数分裂和有丝分裂形成四分体
花粉粒充实期	形成单孢花粉
花粉完成期	形成二孢和三孢花粉

二、籽粒的形态及发育

谷粒和米粒。颖花受精结实发育成谷粒，包括谷壳和米粒两部分。米粒由果皮、种皮、糊粉层、胚、胚乳组成。胚乳在种皮之内，占米粒最大部分，由含淀粉的细胞组织构成。胚由胚轴、盾片、胚芽、胚芽鞘、胚根等组成。受精卵发育成胚，并依次分化出子叶、胚芽、胚根和胚轴。

水稻属于具有自交亲和性的作物，自花授粉，完成受精过程。颖花开花时，浆片（鳞片）吸水膨胀，内、外稃张开，花丝伸长，花药上升，散出花粉，成熟的花粉粒借助外力的作用从雄蕊花药传到雌蕊柱头上，即完成开花授粉过程。柱头受粉后，雌雄性细胞即卵细胞和精子相互融合的过程，称为受精。其大体过程是：成熟的花粉落在柱头上以后，通过相互识别或选择，亲和的花粉粒就开始在柱头上吸水、萌发，长出花粉管，穿过柱头，经花柱诱导组织向子房生长，把两个精子送到位于子房内的胚囊，分别与胚囊中的卵细胞和中央细胞融合，形成受精卵和初生胚乳核。受精卵进一步发育形成胚，初生胚乳核进一步发育形成胚乳，完成"双受精"过程。

第六节 杂交水稻营养器官间的关系

杂交水稻高产栽培的原理就是创造个体与群体发育协调，地上部器官与地下部根系生长协调，源的大小（叶）与库的大小（颖花量）协调的高光效群体。

一、营养器官间的关系

杂交水稻主茎第 n 叶伸出时，其分蘖芽开始分化，第 $(n-1)$ 叶的分蘖已分化完成，第 $(n-2)$ 叶的分蘖芽在叶鞘内伸长，第 $(n-3)$ 叶的分蘖芽则伸出叶鞘。即第 n 叶叶片，第 $(n-1)$ 叶叶

鞘和第 $(n-2)$ 叶至 $(n-3)$ 叶的节间等器官同伸。在分蘖出现时，同一节位上会形成不定根。因此，第 n 叶的抽出与第 $n-3$ 节位的分蘖和根系同时生长，前者称为叶片与分蘖的同伸，后者称为叶片与根系的同伸。

二、地上部器官与根的关系

杂交水稻地上部分（也称冠部）包括茎、叶、花、种子；地下部分主要是指根。地上部生长与地下部生长有密切关系，即通常说的"根深叶茂""壮苗壮根"。杂交水稻的地下部和地上部各自的生长过程中，由于生理的协调和竞争，以及对同化物的需求和积累，在重量上表现出一定的比例，即根系干重与冠部干重之比，称为根冠比（根/冠）。根冠比可作为控制和协调根系与冠层生长的重要指标。

三、个体与群体的关系

杂交水稻种植密度是指群体中每个个体所占有的营养面积。种植密度不仅影响群体与个体的生长发育，还会影响到群体内部的透光性、通风性、CO_2 浓度等环境因子的变化，从而影响群体的光合生产能力。因此，种植密度合理，杂交水稻群体与个体、地上部（冠层）与地下部（根系）生长发育协调，有利于增强群体光合生产能力及抗倒伏能力，提高单位面积稻谷产量。

与常规水稻比较，杂交水稻栽插的基本苗少，单株分蘖力强，群体分蘖数多，分蘖成穗率高，分蘖穗数所占总有效穗数的比重大，有利于个体与群体的平衡生长和大穗的形成。近年，作者团队采用杂交水稻的栽插方式种植常规水稻，其分蘖大穗的增产优势明显。可见，生产上，提高水稻的分蘖成穗率，使得个体与群体协调发展，有利于发挥大穗增产的优势。

第三章

杂交水稻光合作用与干物质生产特点

　　杂交水稻的经济产量是指稻谷产量，其形成过程实质上是光合产物的积累和分配的过程。叶片是光合作用的主要器官，叶面积指数、叶片含氮量和叶片角度是影响光合作用的生物因素，光强、光质和日长是影响光合作用的环境因素。单个叶片的净光合作用可用红外线吸收 CO_2 的原理和同位素^{13}C 标记方法测定，群体光合作用则以净同化率、光合势等间接指标表示。杂交水稻比常规水稻高产的理论依据，一致认为是通过提高群体叶面积指数和优化株型（叶角、叶长）以提高群体光合作用、增加干物质生产，且维持 50% 以上的收获指数。高产杂交水稻干物质生产的比例协调，即在幼穗分化始期生产的干物质达到成熟期总干重的 20%～25%，孕穗期达到约 50%，抽穗期达到 67%～70%。大穗型杂交水稻籽粒增长过程表现出两段灌浆现象，即在抽穗后稻穗中上部的优势颖花先快速灌浆、籽粒增长过程出现第一个高峰，而中下部的弱势颖花则在第一个高峰后开始快速灌浆，籽粒增长过程出现第二个高峰。

第一节 杂交水稻光合作用、呼吸作用及光合势

杂交水稻产量实质上是通过光合作用直接或间接形成的，并取决于光合产物的积累与分配，其光合生产能力又与光合面积、光合效率密切相关。杂交水稻的光合面积主要是指绿色叶片的面积，茎秆、叶鞘、颖花（谷壳）等器官的光合面积与叶片相比可忽略。叶片的光合效率是指单位叶面积在单位时间内同化 CO_2 的毫克数或积累干物质的克数。在适宜光合叶面积范围内，光合作用时间长，则光合效率高。

一、光合作用

杂交水稻产量与群体叶片的光合作用关系密切，而与单个叶片的光合作用不密切，提高整个冠层的光合速率是提高产量的关键。叶片的光合速率是指二氧化碳（CO_2）和水（H_2O）在光照的作用下，通过叶绿素生产碳水化合物（CH_2O）和释放氧（O_2）的过程。

光照是叶片光合作用的能量来源，影响叶片进行光合作用的因素有：光照、温度、氮肥、土壤肥力等非生物因素，以及品种、生育时期、叶片角度、叶片厚度等生物因素。目前，群体光合速率测定比较困难，一般测定单叶的光合速率，用于不同品种、不同氮肥处理叶片光合能力的比较。从图 3-1 可以看出，杂交水稻叶片光合速率随着光照的增强呈自然对数曲线变化，当光照强度达到 $1\,600\mu mol/(m^2 \cdot s)$，光合速率接近饱和。另外，由于杂交早稻生长期间的日长比杂交晚稻长，日光合速率的持续时间也较长。

杂交水稻抽穗后 7～10d，叶片光合速率及其与光合速率有关的酶活性表现出上升趋势，此后随着蛋白质、叶绿素、核糖核酸等

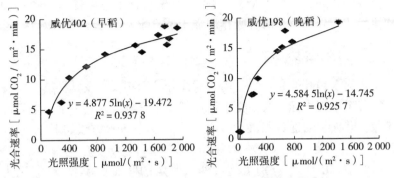

图 3-1　双季杂交水稻剑叶光合速率的日变化比较

高分子化合物开始降解，叶片光合速率及其与光合速率有关的酶活性同时开始下降。因此，缓解杂交水稻抽穗后叶片的衰老，是杂交水稻高产栽培和品种选育的重要举措。有研究表明杂交水稻协优9308 在抽穗后 20d 左右剑叶的光合生产能力强、衰老慢，是其保持较高产量的重要保障，而抽穗后能维持较高的光合作用和保持较强的光合生产能力的杂交水稻，称为后期功能型超高产杂交水稻（程式华等，2005）。

二、呼吸作用

水稻的呼吸作用主要包括糖酵解、三羧酸循环和呼吸电子传递等三个过程。在不降低光合速率条件下，降低呼吸作用速率，有利于干物质积累和产量的形成。水稻是 C3 作物，其呼吸作用包括暗呼吸过程和光呼吸过程，光呼吸过程降低了光能利用效率。在温度25℃条件下，水稻通过二磷酸核酮糖羧化酶（Rubisco）固定的CO_2 约有 30% 通过光呼吸途径损失。随着温度升高，由于 CO_2 在溶液中的溶解度比 O_2 下降快及 Rubisco 对 CO_2 的专一性降低，导致通过光呼吸途径损失的 CO_2 逐渐增加。

关于杂交水稻的呼吸作用 20 世纪 70 年代有人做过许多研究，证明三系杂交水稻南优 3 号在抽穗前根系呼吸作用高于亲本恢复系IR-661 和不育系二九南 1 号 A，但抽穗后杂交水稻与亲本之间没有明显的差异。还有人研究了珍汕 97A 不育系与保持系呼吸作用的差异，发现保持系的呼吸作用强于不育系。

三、光合势

杂交水稻叶的光合势是衡量群体绿叶面积大小及其持续时间长短的一个生理指标，为杂交水稻在某一生育阶段或整个生育期间群体绿色叶面积的逐日积累（单位 $m^2 \cdot d$）。其计算方法如下：

$$光合势（m^2 \cdot d）=1/2(L_1+L_2)\times(t_2-t_1)$$

式中，L_1、L_2 分别为前后两次测定的叶面积，t_1、t_2 分别为前后两次测定的取样时间，以移栽后的天数表示。

研究表明，杂交水稻品种桂两优 2 号早晚两季各生育阶段的光合势均高于常规水稻品种玉香油占，并在我国南宁早季种植与晚季种植条件下表现一致（图 3-2）。

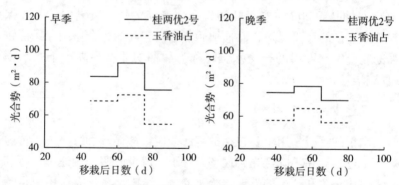

图 3-2　杂交水稻桂两优 2 号与常规水稻玉香油占的
光合势比较（2015—2016，南宁）

第二节　杂交水稻叶面积指数与净同化率

一、叶面积指数

叶面积指数表示单位耕地面积上群体绿叶面积与单位耕地面积

的比值，即叶面积指数＝总绿叶面积/耕地面积。叶面积指数是反映群体大小（源强度）的重要指标，其动态变化与干物质生产有着密切的联系。杂交水稻群体叶面积指数具有生育前期增长快，峰值维持时间长，生育后期下降慢的特点。但是，叶面积指数并不是越大越好，当叶面积指数增加到一定限度后，会造成田间郁闭，透光率下降，进而导致下部叶片光照不足。

杂交水稻要获得高产，应有足够大的叶面积指数。由图 3 - 3 可以看出，移栽后随着植株个体的生长发育，叶面积指数同步扩展，群体叶面积指数随生育期的进展而增大，在孕穗期达到最高值。不同氮肥处理间最高叶面积指数差异显著，其中杂交水稻陆两优 996 分蘖能力强、早生快发，前期叶面积扩展快，在孕穗期达到最大叶面积指数（7.4），但此后无效分蘖大量死亡，导致叶面积指数下降速度较快。常规水稻中早 22 前中期生长较慢，分蘖数相对较少，在抽穗期叶面积指数达到最大（接近 6.5），但抽穗后下降速度较慢。

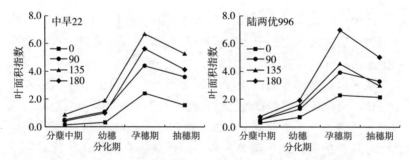

图 3 - 3　不同施氮量条件下（kg/hm²）杂交水稻与常规水稻
叶面积指数变化比较（2007—2008，长沙）

杂交水稻叶面积指数随栽插密度增大而增加，不同移栽密度间最高叶面积指数的变异系数存在品种间差异，其中：中早 22 为 3.9%，陆两优 996 为 1.7%。杂交水稻陆两优 996 不同密度间叶面积指数的变异系数较小，体现出群体相互协调的作用，常规水稻中早 22 不同密度间叶面积指数的变异系数较大，高密度和中密度栽插分别比稀植高 11.2% 和 12.4%，但差异不显著。杂交水稻叶面积指数随移栽后时间的变化趋势为：前期缓慢增长，中期快速增长，至抽穗期后快速下降。

二、净同化率

净同化率 [NAR，g/(m² · d)] 是单位叶面积在单位时间内的干物质积累量，可反映植物个体或群体在一个时期内去除呼吸作用消耗量外的光合特性。测定植物个体或群体在一段时间内的干物质重增加量和平均叶面积，即可得净同化率。在大田栽培条件下，根系干重难以测定，可直接用地上部植株干重计算或根据各时期根冠比，推算出根系干重再计算净同化率。

净同化率的测定根据干物质的增长与水稻叶面积的变化间接计算出来。其公式为：

$$NAR[g/(m^2 \cdot d)] = (\ln L_2 - \ln L_1) \times (W_2 - W_1)/$$
$$(L_2 - L_1) \times (t_2 - t_1)$$

式中，L_1、L_2 分别为前后两次测定的叶面积（m²），W_1、W_2 分别为前后两次测定的干物质积累量（g），t_1、t_2 分别为前后两次测定的时间（以移栽后天数表示）。

杂交水稻群体叶面积指数的高低会影响净同化率（NAR）发生变化，当群体叶面积指数高时，就会有更多的叶片相互荫蔽，而引起其数值下降。净同化率不仅仅取决于叶片的光合作用，还包括除叶片外的其他绿色部分光合作用提供的有机物。另外，在干物质中也包括了吸收的无机盐，但所占的比例一般只有 5%～10%。杂交水稻净同化率（NAR）随移栽后时间呈先升高后下降的趋势，NAR 高峰值出现在移栽后 43～53d，在移栽后 23～43d 期间迅速上升，移栽后 53～83d NAR 迅速下降，移栽后 83d 至成熟期，则缓慢下降（图 3-4）。从图 3-4 还可以看出，不同杂交水稻品种间 NAR 表现出基因间差异，但随移栽后的时间变化趋势表现一致。

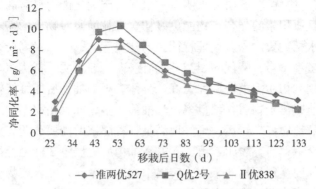

图 3 - 4　杂交水稻净同化率变化动态（纪洪亭等，2013）

第三节　杂交水稻的干物质生产与分配

杂交水稻的干物质积累与叶面积呈正比。随着植株的生长，叶面积的增大，群体净同化率因叶片相互荫蔽而下降，但由于单位土地面积上叶面积总量大，群体干物质积累近于直线增长。当叶片逐渐衰老，功能减退，群体干物质积累速度减慢，叶片的同化物质由营养器官向生殖器官转运。在成熟期，植株停止生长，同时干物质停止积累，进入衰老期时，茎鞘、叶片干物质呈减少的趋势，而杂交水稻基部节间的干物质重不降反升。

一、干物质的积累过程

杂交水稻产量 70%～80% 的光合产物来自抽穗后期的光合产物，抽穗后期的光合产物绝大部分运送到籽粒中。物质需求高峰期与光合产物积累不协调是限制高产的主要瓶颈。与常规水稻比较，杂交水稻具有更高的生物学产量、更大的库、更足的源，但库大、源足不一定能获得超高产，其主要原因是库的物质需求与源的供应出现不协调，即源足、库大的潜力没有得到充分发挥。翟虎渠等

（2005）对协优 9308 研究表明，不仅光合碳同化能力显著高于协优 63，而且所积累的光合产物能更好切合籽粒灌浆对物质的需求，这是高产水稻重要的光合生理特征。冯建成等（2007）对高产杂交水稻特优多系 1 号、特优 63 与对照汕优 63 研究表明，特优组合后期光合作用与物质需求协调性更好，具体表现为抽穗后能维持较高的净光合速率，干物质积累量多，且抽穗前茎、叶、鞘积累的干物质能更有效地向籽粒转运，更好地满足籽粒灌浆的需要。还有人对大穗型杂交水稻研究表明，甬优 6 号在抽穗后冠层上 3 叶光合优势明显，抽穗前茎鞘积累的干物质转出率和转换率高，光合产物积累与物质需求相协调，表现出源足、流畅、库大、根旺的高产特征（许德海等，2010）。

杂交水稻群体的建成和干物质及养分的积累过程符合 S 形曲线，大致要经历前期较缓慢、中期加快、后期又减缓以至停滞衰落的过程，S 形曲线也可作为检验杂交水稻生长发育进程是否正常的依据之一。纪洪亭等（2013）研究指出，杂交水稻干物质积累在前期增长缓慢，中期增长迅速，后期增长又趋于缓慢，至成熟期停滞达干物质积累最大值。

不同地点、不同施肥条件下［（低氮（135kg/hm^2）、中氮（180kg/hm^2）、高氮（225kg/hm^2）］杂交水稻准两优 527 的干物质积累结果表明，不同试验地点间干物质生产量差异显著，同一地点不同施肥量处理间差异不显著（表 3-1）。

表 3-1 表明，准两优 527 的干物质生产均以桂东点最高，达到 19.35～20.65t/hm^2，而其余 2 个试验地点为 15.46～17.76t/hm^2；抽穗期 LAI 亦以干物质生产最高的桂东点最高。准两优 527 桂东点平均 LAI 为 8.23，明显高于长沙和南县 2 个点。说明杂交水稻实现高产有赖于抽穗期较高的 LAI 水平，即通过提高 LAI 增加干物质生产量，以增加籽粒产量。

杂交水稻在高产条件下既具有较高的干物质生产优势，又具有抽穗后的干物质积累优势。表 3-2 表明，杂交水稻品种成熟期总干物质积累量达到 18.5～20.8t/hm^2。分蘖中期（移栽

后 20d）、穗分化始期、孕穗期和抽穗期干物质积累量占成熟期总
干物质积累量的 9.1%～10.5%、19.3%～25.0%、41.6%～
46.3% 和 61.0%～64.2%，抽穗后干物质积累达到 35.8%～
39.0%。

表 3-1　不同地点和施肥量条件下杂交水稻准两优 527 的
干物质生产特点（2007—2009）

地点	施氮量 (kg/hm²)	抽穗期干重（t/hm²）			成熟期干重（t/hm²）			抽穗期 LAI
		茎叶	稻穗	全株	茎叶	稻穗	全株	
郴州桂东	135	10.74	1.87	12.61	9.05	11.60	20.65	8.1
	180	10.86	1.83	12.69	8.36	10.98	19.35	8.2
	225	11.05	1.78	12.82	8.57	11.23	19.80	8.4
益阳南县	135	8.35	1.47	9.82	6.80	8.66	15.46	6.8
	180	9.25	1.65	10.90	7.29	9.12	16.42	7.0
	225	8.78	1.60	10.38	7.92	9.13	17.05	6.9
长沙	135	8.53	1.47	10.21	7.67	10.09	17.76	6.5
	180	8.57	1.63	10.20	7.64	9.41	17.04	6.5
	225	8.72	1.74	10.46	7.96	9.27	17.23	6.6

表 3-2　高产栽培条件下杂交水稻干物质积累
（2007—2009，湖南桂东）

品种	不同生育期干物质积累占总干物重的比例（%）					总干物质积累量 (t/hm²)
	分蘖中期（移栽后 20d）	穗分化始期	孕穗期	抽穗期	抽穗—成熟期	
II优 084	9.8	19.3	41.8	61.0	39.0	19.2
II优航 1 号	10.2	25.0	46.3	62.2	37.8	18.5
D优 527	10.2	22.9	44.4	64.2	35.8	19.1
两优培九	10.3	21.5	46.1	63.5	36.5	18.7
内两优 6 号	10.5	20.6	42.1	61.3	38.7	20.6
Y优 1 号	10.2	23.7	43.2	62.4	37.6	19.3

（续）

品种	不同生育期干物质积累占总干物质重的比例（%）					总干物质积累量（t/hm²）
	分蘖中期（移栽后 20d）	穗分化始期	孕穗期	抽穗期	抽穗—成熟期	
中浙优 1 号	9.1	20.2	41.6	61.0	39.0	20.8
准两优 527	10.2	22.9	44.0	62.4	37.6	20.1
胜泰 1 号*	9.9	24.3	49.4	65.7	34.3	17.1

注：* 为常规水稻品种。

二、干物质的转运与分配

杂交水稻抽穗期，茎、叶、鞘干重占植株干重的 65%～70%，抽穗期茎鞘中非结构性碳水化合物（NSC）积累量与强、弱势粒粒重均表现出显著正相关，抽穗前茎鞘中 NSC 积累量高，不仅有利于提高结实率，还有利于灌浆进程，提高千粒重。杂交水稻两优培九抽穗前干物质积累多，可转运到籽粒中的碳水化合物多，适当增加水稻抽穗前干物质积累，能促进杂交水稻结实率、产量的提高。茎鞘物质转运效率的计算公式如下：

茎鞘物质输出率（%）＝（抽穗期茎鞘干重－成熟期茎鞘干重）/抽穗期茎鞘干重×100；

茎鞘物质转换率（%）＝（抽穗期茎鞘干重－成熟期茎鞘干重）/成熟期饱粒干重×100。

虽然抽穗前茎鞘中物质积累对水稻产量贡献不如抽穗后光合产物，但抽穗前物质积累的多寡对杂交水稻产量影响大。抽穗前储存光合产物多，则抽穗期糖花比（抽穗期茎鞘中非结构性碳水化合物积累量与颖花数之比）高，有利于提高淀粉合成途径中众多酶的活性，进而提高水稻结实率、充实度和稻谷产量。水稻在干旱、高温等逆境胁迫种植条件下，抽穗前期贮藏在茎鞘的物质输出比例和转换比例，均比灌溉、适温等正常条件下种植的比例高，能够部分补偿抽穗后光合产物对产量的影响；在免耕栽培条件下，抽穗期茎鞘物质的输出率和转换率较翻耕条件下低，不利于高产栽培。

第四节 杂交水稻籽粒增长动态与灌浆速率

一、籽粒增长动态

不同穗粒型杂交水稻及常规水稻籽粒增长动态均符合 Logistic 方程曲线变化，即：

$$Y = \frac{K}{1 + ae^{-bt}}$$

式中，Y 为籽粒增长重量（粒重，mg）；t 为抽穗后日数（d）；K 为籽粒增长最大重量（mg）；$e = 2.718\ 28$（自然对数的底数）；a、b 为模型参数。

杂交水稻 Logistic 曲线的籽粒增长过程划可分为 3 个时期：渐增期、快增期和缓增期。从抽穗开花当天到开花后 6d 为渐增期，从开花后 6d～30d，为快增期，开花后 30d 到成熟期，为缓增期。图 3-5 表明，渐增期大穗小粒品种玉香油占籽粒增长的起步慢，其余 4 个品种起步快，增长速度的差异不明显；快增期籽粒增长的品种间差异明显，其中小穗大粒型品种准两优 527 增长最快，大穗小粒型品种玉香油占增长最慢，而大穗中粒型品种两优培九、中穗中粒型品种 Y 两优 1 号、中穗小粒型品种黄华占籽粒增长的差异不大。

杂交水稻籽粒增长动态与枝梗部位有关，以上部枝梗籽粒增长起步快，从开花当天到开花后 18d 籽粒快速增长，此后到成熟期籽粒增长缓慢；中部枝梗籽粒增长开始较慢，开花后 6d～30d 快速增长；下部枝梗籽粒增长较慢，在开花后 12d 才进入快速增长。无论是上部、中部，还是下部枝梗，均以小穗大粒型品种（准两优 527）籽粒增长速度快，大穗小粒型品种（玉香油占）籽粒增长速度慢。

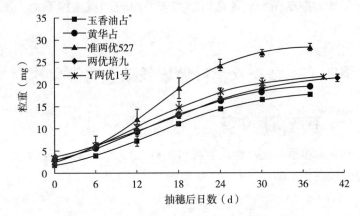

图 3-5　不同穗型杂交水稻与常规水稻籽粒灌浆
动态比较（2015—2016，长沙）

注：*为常规水稻品种。

二、籽粒灌浆速率

不同穗粒型杂交水稻灌浆速率差异显著，小穗大粒型品种准两优 527 灌浆速率快，灌浆强度大，在开花后 12～18d 灌浆速率明显大于其他 4 个品种，其中在开花后 18d 达到灌浆速率高峰（1.26～1.19mg/粒·d）。大穗小粒品种（玉香油占）灌浆起步慢，开花后 6d 灌浆速率开始快速增加，到 12～18d 达到灌浆速率高峰（0.67～0.90mg/粒·d），但高峰持续时间短，高峰值后快速下降。中穗小粒型品种黄华占灌浆起步快，开花后 12d 达到灌浆速率高峰（0.74～0.83mg/粒·d），高峰持续的时间短，高峰值后快速下降。大穗中粒型品种两优培九和中穗中粒型品种 Y 两优 1 号灌浆速率快，开花后 12～18d 出现第 1 个灌浆高峰，在开花后 24d 出现第 2 个灌浆高峰，表现出两段式灌浆现象。

大穗型杂交水稻灌浆时间长且灌浆较为缓和，两段灌浆明显。杂交水稻与常规水稻相比，其起始灌浆势、平均灌浆速率、最大灌浆速率低，而灌浆时间明显较长，最终产量高于常规水稻。决定水稻籽粒充实度的主要因素是灌浆持续期,其次才是灌浆速率。产量越高,来自于抽穗后期的光合产物质量越多,灌浆的时间也相应延长,为满足高产灌浆的需要,叶片光合功能期也相应延长。杂交水稻光合时间长要求冠层能维持一个相对持久稳定的冠层结构,因此增加基部透光率、增强根系活力、增强基部节间抗倒能力尤为重要。杂交水稻不同粒位间灌浆速率的大小和峰值到达的时间均存在明显差异,其中强、弱势粒灌浆速率的差异以杂交水稻准两优 527 最大,汕优 63 次之,常规水稻玉香油占和胜泰 1 号差异相对较小(图 3 - 6)。

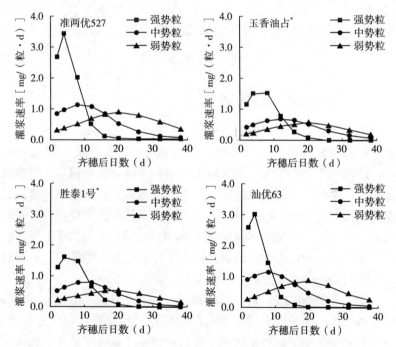

图 3 - 6 不同基因型杂交水稻与常规水稻籽粒灌浆
动态比较(2009—2010,长沙)
注: * 表示常规水稻品种。

灌浆期水分胁迫下杂交水稻生长发育将受到影响。杨建昌等(2019)研究表明,在灌浆期常规氮肥条件下干旱胁迫,武运粳 3

号、扬稻 4 号生育期将缩短 2.9～5.5d，在高氮肥处理条件下生育期缩短 5.7～7.4d。与正常水分管理条件下相比，常规氮肥处理、高氮肥处理干旱胁迫下籽粒灌浆速率分别为 0.18～0.29mg/(粒·d) 和 0.31～0.37mg/(粒·d)，存储在茎鞘中非结构性碳水化合物转运率分别提高 23.8%～27.1%、19.6%～36.7%，这是干旱胁迫下常规氮肥处理产量下降不明显的主要原因。研究还表明灌浆期水分干旱胁迫将诱发水稻早衰，缩短灌浆时间，增加营养组织中非结构性碳水化合物向籽粒转运，加快灌浆进程。

第五节 杂交水稻的"源、库、流"及其应用

一、源、库、流的概念

源。源是指杂交水稻光合作用制造的碳水化合物或同化产物，源包括：①光合源，包括叶片、叶鞘等器官。在杂交水稻通过剪叶、遮光、环割等处理，人为减少叶面积或降低光合速率，造成源亏缺，都会引起产品器官的减少，如花器官退化、不育或脱落，或产品器官充实不良，如秕粒增多、粒重下降等。②暂存源，即先前的光合产物贮存在暂存库中，在籽粒灌浆过程中，再调运到籽粒中，开花前光合作用生产的营养物质主要供给穗、小穗等产品器官形成的需要，并在茎、叶、叶鞘中有一定量的贮备。

库。库是指贮藏光合产物的器官，同时也指贮存能量的器官。杂交水稻根、茎、叶等营养器官都能贮存光合产物，即产品器官。杂交水稻产品器官的容积决定于单位面积穗数、每穗颖花数和籽粒大小的上限值。库强度是影响干物质分配的重要因素，有机物质在籽粒中的贮存量以及与其他器官的分配比例，与库吸收、容纳有机物质的能力关系密切。在杂交水稻灌浆期内如果光合作用受到抑制，籽粒能从其他器官中调运物质，维持一定的灌浆强度。如果库强度大，征调光合产物的能力强，则灌浆速度就高。

流。流是指杂交水稻植株体内输导系统的发育状况及其运转速率。流的主要器官是叶、鞘、茎中的维管束系统，其中穗颈维管束可看作源通向库的总通道，韧皮部薄壁细胞是运输同化物的主要组织。杂交水稻穗部二次枝梗上颖花的花梗维管束比第一次枝梗上的面积小，而且数目少，运往二次枝梗颖花中的同化物也少；适宜的温度、充足的光照和养分（尤其是磷、钾）均可促进光合作用以及同化产物由源向库的转运。

二、源、库的协调

源和库是杂交水稻产量形成中的两个重要方面。源和库是互相限制、互相促进的。源充足可以促进库的发育，库大又能提高源的能力。生产上，只有源与库得到协调发展，才能获得最佳产量。

生产上，杂交水稻源库不协调主要表现出两种类型：一是源大而库不足，大量同化的有机碳水化合物不能向籽粒中运输，供大于求，没有足够的库进行物质贮存和调运，造成物质的浪费，最终产量也不高。二是库大源不足，会造成大量瘪粒，最后粒重降低。在高产栽培中，适当增大库源比，提高源活性，对促进干物质积累、提高产量具有重要意义。

杂交水稻叶片是光合作用的主要器官。同时，由于叶片自身生长的需求，又是光合产物的贮存器官。茎的生长过程中，贮积了大量有机物，开花后这些结构成分部分被"征调"转移到籽粒中。生产上，最高叶面积指数达到 7～9，每平方米颖花数达到 4 万～5 万，能够维持杂交水稻源与库的平衡，满足高产栽培对源、库的要求。

三、源、库、流的应用

源、库、流在杂交水稻代谢活动和产量形成中构成统一的整体，三者的平衡发展状况决定产量的高低。一般说来，在实际生产中，除非发生茎秆倒伏或遭受病虫危害等特殊情况，流不会成为限制产量的主导因素。但是，流是否畅通直接影响同化物的转运速度和转运量，也影响杂交水稻光合速率，最终影响经济产量。

　　源、库的发展及其平衡状况往往是影响产量的关键因素。杂交水稻源、库在产量形成中相对作用的大小随品种、生态及栽培条件而异。分析不同产量水平下源、库的限制作用，对于合理运筹栽培措施、进一步提高产量十分必要。一般而言，当产量水平较低时，源不足是限制产量的主导因素。同时，单位面积穗数少，库容小，也是造成低产的原因。增产的途径是增源与扩库同步进行，重点放在增加叶面积和增加单位面积的穗数上。当叶面积达到一定水平，继续增穗会使叶面积超出适宜范围，增源的重点应及时转向提高光合速率或适当延长光合时间，扩库的重点则应由增穗转向增加穗粒数和粒重。因此，杂交水稻高产的关键不仅在于源、库的充分发展，还要采取相应的促控措施，使源库协调，建立适宜的源库比。

第四章

杂交水稻营养生理与施肥技术

生产上将氮肥、磷肥、钾肥称为作物的肥料三要素。其中，氮素和磷素是杂交水稻多种有机化合物质和遗传物质的重要组成成分，钾素能提高叶绿素含量、促进籽粒灌浆结实、增强抗逆能力。高产杂交水稻氮磷钾的吸收积累过程大致为：生长前期达到约50%，生长中期达到30%～35%，生长后期仍能吸收15%～20%。在收获指数50%以上时，杂交水稻每生产1 000kg稻谷的养分需要量为：氮素16～18kg，磷素2.5～3.0kg，钾素16～18kg；肥料养分吸收利用率为：氮肥35%～40%，磷肥约20%，钾肥40%～45%。杂交水稻施肥条件下的产量是随着基础地力产量增加而提高的，土壤贡献率达到65%～70%，即施肥比不施肥增产30%～35%。肥料用量根据目标产量、基础地力产量、养分需要量、肥料养分吸收利用率等参数确定，一般杂交早稻、晚稻的施氮量为120～150kg/hm²，一季稻为150～180kg/hm²，磷钾肥则按照氮：磷（P_2O_5）：钾（K_2O）为1：0.4：（0.6～0.7）的比例施用。在此基础上，增加肥料用量不一定增加杂交水稻的产量，原因是高产潜力的表现还决定于抽穗后的光照强度。

第一节　杂交水稻的营养生理

水稻对碳（C）、氢（H）、氧（O）、氮（N）、磷（P）、钾（K）、钙（Ca）、镁（Mg）、硫（S）等9种元素的需要量大，称为大量元素；对铁（Fe）、硼（B）、锰（Mn）、锌（Zn）、铜（Cu）、钼（Mo）、氯（Cl）等7种元素的需要量少，称为微量元素。杂交水稻吸收硅（Si）的数量也较大，对产量的形成和抗性的增强有重要作用。

一、氮的营养生理

氮是杂交水稻体内多种重要有机化合物和遗传物质，如氨基酸、核酸、核苷以及叶绿素的重要组成成分，有利于促进作物快速生长，扩大叶面积，提高每穗粒数、每穗实粒数及籽粒蛋白质含量。

杂交水稻苗期、分蘖中期、稻穗分化期对氮素的需求量大，灌浆结实期维持较高的植株氮素水平，有利于延缓叶片衰老、维持光合作用。氮素在植株体内由衰老的叶片向新生长的叶片转移，叶片的颜色变化可作为氮素丰缺的诊断指标。

在其他营养元素供应充足的情况下，充足的氮素能促使杂交水稻叶片和茎生长加快，但氮素供应过多，常常使杂交水稻生育期延长，长势过旺，植株柔软，造成贪青晚熟，不仅抗病和抗倒伏能力减弱，还会造成籽粒充实不良，结实率和千粒重下降，产量下降和品质降低。

在缺氮情况下，叶绿素减少使叶片黄化、叶尖缺绿、叶片变得短小而狭窄，严重缺氮时可导致叶片死亡。杂交水稻缺氮易导致分蘖减少、植株变矮、每穗粒数下降。杂交水稻在各生育期有一个需氮的临界值，可作为适宜的含氮率和缺氮诊断的临界指标（表4-1）。

表 4 - 1　水稻不同生育时期养分适宜含量和亏缺指标

(国际水稻研究所，2000)

生育时期	植株部位	氮素 (N,%)		磷素 (P,%)		钾素 (K,%)	
		适宜含量	亏缺含量	适宜含量	亏缺含量	适宜含量	亏缺含量
分蘖期—穗分化期	功能叶	2.9～4.2	<2.5	0.20～0.40	<0.10	1.8～2.6	<1.5
抽穗开花期	剑叶	2.2～2.5	<2.0	0.20～0.30	<0.18	1.4～2.0	<1.2
成熟期	稻草	0.6～0.8	—	0.10～0.15	<0.06	1.5～2.0	<1.2

二、磷的营养生理

磷是水稻生育发育不可缺少的营养元素之一，是三磷酸腺苷（ATP）、核苷、核酸和磷脂等有机物的重要成分。磷素能促进分蘖发生、根系生长。磷的作用主要表现在水稻的生育早期，生长前期磷的吸收较充分，植株体内的磷素可以在生育后期进行再运转。因此，水稻的缺磷症状，至拔节后往往会逐渐消失。

当土壤有效磷含量低于 2～4mg/kg 时，会影响水稻的正常生长。水稻分蘖期容易表现出缺磷症状，因为淹水促进土壤磷素的有效化效应滞后。磷肥施用过量，会使水稻呼吸作用过强，消耗大量糖分和能量，增加无效分蘖。缺磷时，水稻生长缓慢，植株矮小，茎叶狭细，叶片挺立，分蘖减少且叶色暗绿，叶尖及叶缘常带紫红色。缺磷会使得空粒增加，粒重下降，抽穗和成熟期延迟，严重缺磷时可导致水稻不开花。水稻适宜的含磷率和缺磷指标如表 4 - 1 所示。

三、钾的营养生理

钾是水稻生长发育必需的营养元素，一般稻体内的含钾量仅次于氮。钾素有利于提高植株叶面积和叶绿素含量，延缓衰老，有助于提高冠层的光合作用和籽粒灌浆。钾素对分蘖没有明显影响，但对于提高每穗粒数、结实率、千粒重，改善稻米品质有重要作用。

钾素具有促进杂交水稻茎秆细胞壁内纤维素累积作用，有利于提高稻茎的强度与抗倒能力，对不良环境的抗性增强有重要作用，如抗倒伏、抗病虫危害等。当茎秆的含钾量在3.0%以下，茎秆的折断强度随其含钾量的提高而增强。

钾素在植株体内可从杂交水稻的老叶向幼叶转移，缺钾先发生于老叶中。杂交水稻缺钾时，老叶叶尖及前端叶缘变褐或焦枯，同时出现褐色斑点，导致水稻老化早衰，抽穗不整齐，秕粒增加，产量和品质下降。分蘖期和幼穗分化期是杂交水稻常易表现缺钾症的时期。缺乏钾素时，叶尖开始出现赤褐色或褐色斑点，斑点逐渐扩展到叶的下部，形成赤褐色或褐色条斑。水稻适宜的含钾率和亏缺指标见表4-1。

第二节 杂交水稻氮磷钾的吸收与积累特点

一、氮磷钾的吸收积累特点

杂交水稻随生育进程、植株干物质积累量增加，植株养分含量渐趋减少。但不同品种，不同施肥水平及不同营养元素，其变化情况不完全相同。其中：杂交水稻植株的氮素含量约占干重的10～40g/kg，以分蘖期含量最高；植株氮素吸收量也是以分蘖期最高，达总吸收量的50%左右，其次为幼穗发育期。杂交水稻植株的磷含量为4～10g/kg，以拔节期含量最高，以后逐渐下降；植株磷素吸收量则以幼穗发育期为最高，占总吸收量的50%左右，其次为分蘖期；结实成熟期磷素吸收量占16.1%～19.6%。杂交水稻植株的钾含量为20～55g/kg，其高峰值出现在拔节期，以后逐渐下降；抽穗期植株的钾素积累量达到90%以上，抽穗后吸收量较少。

杂交水稻的根系发达，吸收养分尤其是吸收土壤养分的能力强，并与干物质和总糖的积累量呈显著正相关。在高的氮、钾营养状况下，对硝态氮的吸收略有增加，并具有高的营养亲和力，施磷能提高杂交水稻对氮、钾的利用率。后期施氮或氮、钾肥，能明显提高杂交水稻结实期叶片叶绿素含量和光合速率、延缓叶片可溶蛋白质的降解、增加结实率和千粒重。杂交水稻不同生长时期的氮磷钾养分吸收能力强，由于生物量大和籽粒产量高，其氮、磷、钾养分的总吸收量大，但由于杂交水稻的收获指数高和籽粒产量高，按籽粒产量平均，氮磷钾养分需要量并不大。

　　编者于 2007—2009 年，在施氮肥与不施氮肥条件下，比较研究了杂交水稻氮磷钾养分的积累过程，结果表明：杂交水稻养分吸收积累过程在施肥与不施肥条件下差异不明显，在施氮肥条件下移栽—幼穗分化期（前期）N、P、K 养分吸收积累率分别达到52%、46%、51%，幼穗分化—抽穗期（中期）分别达到 30%、37%、27%，抽穗—成熟期（后期）分别达到 18%、17%、22%；而在不施氮肥条件下 N、P、K 养分吸收积累率前期分别达到53%、46%、42%，中期分别达到 30%、40% 和 40%，后期分别达到 17%、14%、18%（图 4 - 1）。

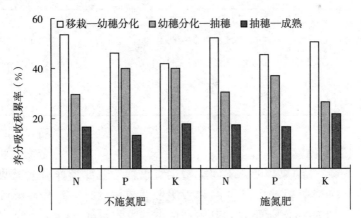

图 4 - 1　施氮肥与不施氮肥条件下杂交水稻不同生育阶段
养分吸收积累比较（2007—2009，长沙）

二、氮磷钾养分吸收量及其在器官中的分配

(一)氮素

表4-2结果表明,不同类型杂交水稻地上部植株氮素吸收量不同。杂交早稻5个品种的氮素吸收量平均为136.6kg/hm²,变幅在131.1~145.7kg/hm²之间,其中稻草平均为43.4kg/hm²,占总吸收量的31.8%;杂交晚稻7个品种氮素吸收量平均为114.7kg,变幅在106.0~119.3kg/hm²之间,其中稻草平均为42.8kg/hm²,占总吸收量的37.3%;杂交中稻9个品种氮素吸收量平均为183.7kg/hm²,变幅为178.6~189.1kg/hm²,其中稻草平均为59.9kg/hm²,占总吸收量的32.6%。研究还发现,不同杂交水稻品种氮素吸收量存在基因型差异,早稻、中稻表现一致。

表4-2 杂交水稻地上部植株氮素的吸收量及其
分配(2007—2009,长沙)

品种	稻谷(kg/hm²)		稻草(kg/hm²)		空秕谷(kg/hm²)		全株(kg/hm²)	
	平均	变幅	平均	变幅	平均	变幅	平均	变幅
早稻(5)	88.8	82.8~96.4	43.4	40.0~45.6	4.5	3.5~7.0	136.6	131.1~145.7
晚稻(7)	67.0	59.0~72.4	42.8	39.2~47.2	5.0	2.8~7.5	114.7	106.0~119.3
中稻(9)	116.2	110.9~123.4	59.9	59.3~60.5	7.6	5.4~9.7	183.7	178.6~189.1
中早-22	79.8		50.7		6.9		137.4	
胜泰1号	105.3		55.8				170.5	

注:品种一列括号中的数字为参加试验的品种数;中早-22为常规早稻,胜泰1号为常规中稻。

(二)磷素

表4-3结果表明,不同类型杂交水稻地上部植株磷素吸收量不同。杂交早稻5个品种的磷素吸收量在25.2~27.6kg/hm²之间,平均为26.8kg/hm²,其中稻草占总吸收量的25.7%;杂交晚稻7个品种的磷素吸收量在28.6~34.9kg/hm²之间,平均为32.2kg/hm²,其中稻草占总吸收量的22.7%;杂交中稻9个品种

磷素吸收量在 26.9～39.8kg/hm² 之间，平均为 37.6kg/hm²，其中稻草占总吸收量的 23.9%。研究还发现，不同基因型杂交水稻地上部植株磷素吸收量的品种间有差异，早稻、晚稻、中稻表现一致。

表 4-3　杂交水稻地上部植株磷素的吸收量及其
分配（2007—2009，长沙）

品种	稻谷（kg/hm²）		稻草（kg/hm²）		空秕谷（kg/hm²）		全株（kg/hm²）	
	平均	变幅	平均	变幅	平均	变幅	平均	变幅
早稻（5）	18.9	17.2～20.0	6.9	6.6～7.2	1.1	0.8～1.6	26.8	25.2～27.6
晚稻（7）	23.6	21.1～25.5	7.3	6.2～8.2	1.4	0.7～2.2	32.2	28.6～34.9
中稻（9）	27.0	26.0～27.8	9.0	8.1～10.1	1.6	1.1～2.0	37.6	26.9～39.8
中早-22	18.1		6.8		1.6		26.5	
胜泰1号	25.1		8.6		2.0		35.7	

注：品种一列括号中的数字为参加试验的品种数；中早-22 为常规早稻，胜泰 1 号为常规中稻。

（三）钾素

由表 4-4 可以看出，不同类型杂交水稻地上部植株钾素吸收量不同。早稻 5 个品种的钾素吸收量在 105.2～120.9kg/hm² 之间，平均为 113.4kg/hm²，其中稻草平均为 107.4kg/hm²，占总吸收量的94.7%；杂交晚稻 7 个品种钾素吸收量在 103.6～117.7 kg/hm² 之间，平均为 109.2kg/hm²，其中稻草平均为 90.6kg/hm²，占总吸收量的 83.0%；杂交中稻 9 个品种钾素吸收量在 153.4～165.4kg/hm²之间，平均为 158.6kg/hm²，其中稻草平均为 139.6kg/hm²，占总吸收量的 88.0%。可见，杂交水稻所吸收的钾 83.0%～94.7% 积累在稻草中，稻谷所带走的钾素不到 17%，生产上连年将稻草还田可以大幅度减少钾肥的施用量，节约资源。研究还发现，不同杂交水稻品种地上部植株钾素吸收量存在基因型差异，早稻、晚稻、中稻表现一致。

表 4-4   杂交水稻地上部植株钾素的吸收量及其

分配（2007—2009，长沙）

品种	稻谷（kg/hm²）		稻草（kg/hm²）		空秕谷（kg/hm²）		全株（kg/hm²）	
	平均	变幅	平均	变幅	平均	变幅	平均	变幅
早稻（5）	5.2	3.0~6.7	107.4	100.6~117.1	0.8	0.5~1.3	113.4	105.2~120.9
晚稻（7）	17.4	13.6~18.6	90.6	85.0~98.8	1.3	0.2~2.2	109.2	103.6~117.7
中稻（9）	18.5	16.7~20.5	139.6	134.0~145.6	1.6	1.1~2.4	158.6	153.4~165.4
中早-22	6.3		118.1		1.4		125.8	
胜泰1号	16.5		128.6		1.7		145.0	

注：品种一列括号中的数字为参加试验的品种数；中早-22 为常规早稻，胜泰 1 号为常规中稻。

第三节   杂交水稻的养分需要量

一、氮磷钾养分需要量及其与产量变化的关系

根据国际水稻研究所的研究，地上部植株（稻谷＋稻草＋秕谷）的养分吸收量（或需要量）与施肥量及土壤供肥能力有关。在适量施肥条件下，每生产 1 000kg 常规稻谷，地上部植株的氮（N）、磷（P）、钾（K）吸收量分别为 14.0~16.0kg、2.4~2.8kg、14.0~16.0kg；在过量施肥条件下，每生产 1 000kg 常规稻谷，地上部植株的 N、P、K 吸收量分别为 17.0~23.0kg、2.9~4.8kg、17.0~27.0kg。作者的研究发现，籼型杂交水稻养分需要量分别为 17.4~20.2kg、3.1~4.3kg、15.8~22.0kg（表 4-5）。考虑到稻根所需要的养分和水稻未收获前由于淋洗作用及落叶已损失的养分，杂交水稻实际所吸收的养分总量应高于此值，且随品种、气候、土壤和施肥等条件的不同而有一定变化。由于稻根需要的养分以及落叶和淋洗损失的养分未计在内，实际的氮素需要量还要高一些。

表 4-5　每生产 1 000kg 稻谷地上部植株的养分吸收量/养分需要量

地点	品种类型	施肥水平	氮素 （N，kg）	磷素 （P，kg）	钾素 （K，kg）
中国长沙	杂交早稻（5）	适量	17.5～19.8	3.2～3.5	17.4～21.3
	杂交晚稻（7）	适量	17.4～19.3	3.1～3.4	17.7～22.0
	杂交中稻（8）	适量	18.0～20.2	3.7～4.3	15.8～18.3
国际水稻 研究所	常规水稻	适量	14.0～16.0	2.4～2.8	14.0～16.0
		过量	17.0～23.0	2.9～4.8	17.0～27.0

注：品种类型一列括号中数字为参加试验的品种数。

　　不同地点杂交水稻施肥量联合试验研究表明：①随着杂交水稻产量水平的提高，杂交水稻养分需要量减少，表现出负相关关系（图 4-2）。准两优 527 每生产 1 000kg 稻谷的氮、磷、钾需要量分别为 16.5～25.3kg、2.6～4.9kg 和 14.4～29.8kg，两优 293 分别为 14.6～28.9kg、2.8～5.3kg 和 17.7～32.0kg。但是，国内有关粳稻养分需要量的研究认为，随着稻谷产量水平的提高，氮磷钾养分的需要量表现为增加趋势（凌启鸿等，2005）。②杂交水稻养分需要量表现出明显的地点间差异和年份间差异。如，杂交水稻准两优 527 在长沙试验点 2004 年每生产 1 000kg 稻谷氮素需要量为 22.1kg，2005 年为 17.2kg；在桂东试验点 2004 年为 20.8kg，2005 年为 16.7kg。

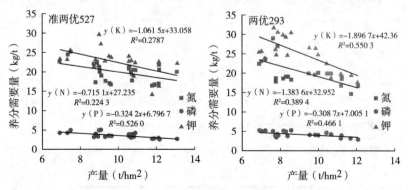

图 4-2　杂交水稻产量与氮磷钾养分需要量的关系（2004—2005）
（地点：长沙、郴州桂东、衡阳、永州、益阳南县）

二、氮磷钾需要量的品种间差异

杂交水稻养分需要量的基因型差异显著。从表4-6可以看出，不同杂交水稻品种每生产1 000kg稻谷的养分需要量氮为17.99～20.22kg，磷为3.69～4.33kg，钾为15.78～18.26kg，不同杂交水稻品种间养分需要量差异显著，但杂交水稻与常规水稻品种间差异不显著。可见，从单位稻谷产量来说，杂交水稻与常规水稻品种间养分需要量没有差异；从单位面积施肥量来说，杂交水稻比常规水稻需要适当增加肥料用量。究其原因：一是杂交水稻的产量高于常规水稻，二是杂交水稻吸收的养分来自土壤的比例高于常规水稻。

表4-6　每生产1 000kg稻谷氮、磷、钾养分需要量的
基因型差异（2007—2009，长沙）

品种	氮素（kg）		磷素（kg）		钾素（kg）	
	平均	显著性	平均	显著性	平均	显著性
Ⅱ优084	19.27	b	4.05	bc	16.42	cde
Ⅱ优航1号	19.22	b	4.28	a	17.39	b
D优527	19.24	b	4.06	bc	17.08	bcd
Y优1号	18.48	bc	3.91	cd	16.35	cde
两优培九	17.99	c	3.78	de	15.78	e
内两优6号	18.83	b	3.85	cde	16.21	de
汕优63	20.22	a	4.33	a	18.26	a
胜泰1号*	20.09	a	4.24	ab	17.26	bc
中浙优1号	18.93	b	3.89	cde	16.23	de
准两优527	18.77	b	3.69	e	16.57	cde

注：＊标记为常规水稻品种；同一列中不同字母表示品种间存在5％水平显著差异。

第四节　杂交水稻的养分来源与
肥料养分利用率

一、养分来源

杂交水稻植株吸收的养分来源于土壤和当季所施用的肥料，其中来自肥料养分的比例随着施肥量的提高而增加。表 4-7 结果表明，杂交水稻所吸收的氮素约 24% 来自于肥料，约 76% 来自于稻田土壤；常规水稻所吸收的氮素约 25% 来自于肥料，约 75% 来自于土壤。从表 4-7 还可以看出，在施氮量 $50 \sim 250 kg/hm^2$ 范围内，来自当季所施用肥料的氮素的比例由 10.7% 增加到 35.9%，相反来自土壤的氮素比例则由 89.3% 下降到 64.1%。这可能是近 40 年来，我国水稻生产以化肥施用为主，并且普遍存在偏施氮肥的现象，造成我国水稻主产区域稻田土壤氮素背景值偏高，减少了水稻吸收土壤氮素的比例。也可以说，通过增施化肥培肥了土壤，提高了在不施肥条件下的基础地力产量，即土壤对水稻产量的贡献力。

表 4-7　杂交水稻与常规水稻氮素吸收量及其利用率
比较（2015—2016，长沙）

处理		氮素吸收量（kg/hm^2）			肥料[15]N吸收利用率（%）	氮素来源（%）	
		来自肥料	来自土壤	总吸收量		来自肥料	来自土壤
品种间	两优培九	48.0	143.4	191.3	31.8	23.7	76.3
	Y两优1号	49.7	144.7	194.4	32.8	24.2	75.8
	黄华占	49.8	138.6	188.5	32.6	24.8	75.2
	玉香油占*	49.3	136.2	185.5	32.3	25.1	74.9
施氮量处理间（kg/hm^2）	50	15.0	124.9	139.9	30.0	10.7	89.3
	100	32.3	140.2	172.5	32.3	18.8	81.2
	150	51.2	144.7	195.9	34.1	26.2	73.8
	200	66.3	148.6	214.9	33.2	30.9	69.1
	250	81.1	145.2	226.3	32.4	35.9	64.1

*常规水稻品种。

二、肥料养分利用率

肥料利用率一般用回收率（RE,%）和农学利用率（AE, kg/kg）表示，前者是指当季所施用的肥料被杂交水稻吸收的百分率，后者是指增施的肥料对杂交水稻的增产作用，二者的计算公式分别为：

$$RE=(PN_F-PN_{-F})/N_R$$
$$AE=(Y_F-Y_{-F})/N_R$$

式中，PN_F、PN_{-F} 分别表示施肥、不施肥条件下植株所吸收的养分量（kg/hm²）；Y_F、Y_{-F} 分别表示施肥、不施肥条件下的稻谷产量（kg/hm²）；N_R 表示肥料养分量（kg/hm²）。

生产上，只有在平衡施肥的条件下，才能同时获得肥料养分较高的回收率和较大的农学利用率。肥料被有效地利用是指，施用的肥料大部分被杂交水稻吸收，施用的肥料有较大的增产作用。表 4-7 表明，应用 ¹⁵ N 同位素标记法测得杂交水稻和常规水稻的氮肥回收利用率为 31.8%～32.8%，品种间差异不大；在施氮 50～250kg/hm² 条件下的氮肥吸收利用率为 30%～34.1%。当施氮量在 150kg/hm² 以下时，氮肥吸收利用率随着施氮量的增加而提高，当施氮量达到 150kg/hm² 以上时，氮肥吸收利用率随着施氮量的增加而下降。

值得注意的是，关于杂交水稻肥料吸收利用率的评价有两种方法，即同位素示踪法和施肥与不施肥处理间的差减法。图 4-3 表明，以差减法评价的肥料吸收利用率偏高，杂交水稻两优培九为 47%～59%，常规水稻黄华占为 44%～57%；以同位素示踪的方法评价的肥料吸收利用率偏低，如表 4-7 中杂交水稻和常规水稻的肥料 ¹⁵ N 回收利用率多数达不到 34%。生产上，综合上述两种方法测的肥料养分吸收利用率取其中间值，一般氮素 35%～40%，磷肥约 20%，钾肥 40%～45%，可作为杂交水稻生产应用的施肥指标。

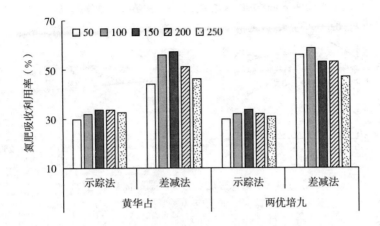

图 4 - 3　不同施氮量（kg/hm²）条件下杂交水稻与
常规水稻氮肥吸收利用率比较

（示踪法：¹⁵ N 同位素标记法；差减法：施氮肥与不施氮肥处理间比较）

三、产量对氮肥的反应

前人对水稻产量与氮肥反应的关系进行了大量的研究，田间试验证明水稻产量对氮肥用量反应敏感。2001—2004 年国际水稻研究所联合国内有关单位在中国扬州、长沙、金华、佛山和菲律宾马尼拉进行了不同施氮量条件下杂交水稻的田间试验，试验品种均为杂交水稻汕优 63，结果如图 4 - 4 所示。从图可以看出，杂交水稻产量与氮肥用量之间表现为非线性关系，即施氮量在 0～120kg/hm² 范围内，稻谷产量随着施氮水平的提高而增加，但当达到 120kg/hm² 以上，稻谷产量随着施氮水平的提高而下降。因此，在此基础上进一步增加施氮量，不会进一步增加产量。试验研究还发现，在施氮量达到 110～120kg/hm² 时，每个试验地点所对应的稻谷产量最高，但不同试验地点的高产潜力不同。

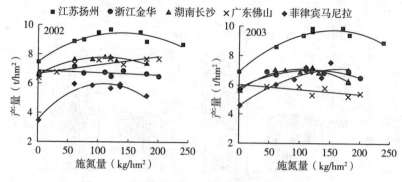

图 4-4   不同试验地点杂交水稻汕优 63 产量对
施氮量的反应（彭少兵等，2006）

第五节   杂交水稻的施肥原理与施肥方法

一、施肥原理

水稻的施肥量应根据目标产量的需肥量、土壤供肥能力和肥料养分利用率确定。其中，肥料养分利用率与肥料种类、施肥方法、土壤环境等有关。中国杂交水稻当季肥料的利用率大致范围是：氮肥为 35%～40%，磷肥为 15%～20%，钾肥为 40%～50%。施肥时期应根据水稻的需肥规律，结合产量构成因子的形成时期确定：①增加单位面积有效穗数的施肥时期，以基肥和有效分蘖期内施用促分蘖肥效果最好。但若稻田肥力水平高，底肥足，则不宜多用分蘖肥。②增加每穗粒数的施肥时期，在第一苞分化至第一次枝梗原基分化时追肥，有促进稻穗第一、二次枝梗分化和颖花分化的作用，增加每穗颖花数，称为促花肥。在雌雄蕊形成至花粉母细胞减数分裂期（即倒 2 至 1 叶期）施肥，能减少每穗的退化颖花数，称为保花肥。对于生育期长的品种，促花肥和保花肥分两次施用，每穗粒数的增加效果显著。③提高千粒重和结实率的施肥时期，以抽穗后施用为宜。水稻在抽穗后适量施肥有利于延长叶片功能期，提高光合强度，增加粒重，减少秕粒数，称为壮籽肥。以氮肥作壮籽肥，只有在抽穗后光照好的栽培季节，当叶色转淡黄时才能适量施用。

二、测苗定量施肥方法及其应用

随着化肥在水稻生产中的长期大量施用，提高中国稻田氮肥利用率的研究得到了重点关注。国际水稻研究所于 1994 年开始组织亚洲 6 个国家的专家，历经 10 余年开展了水稻实地氮肥管理（Site-specific Nutrient Management，SSNM）研究。SSNM 施肥方法是根据不同地点的土壤供肥能力与目标产量需肥量的差值，决定肥料用量范围，在水稻的主要生长期利用叶绿素仪或叶色卡诊断水稻氮素营养状况，调整实际氮肥施用量，以达到适时适量地供给养分、促进水稻健壮生长、减少病虫害发生、提高水稻产量和肥料利用率的目的。作者团队于 2001—2005 年与国际水稻研究所合作，在湖南省宁乡市开展了改进 SSNM 施肥方法的研究，提出了测苗定量施肥方法，并且同在宁乡市回龙铺、夏托铺、双江口、大成桥的 7 个乡镇开展了测苗定量施肥的应用示范。

测苗定量施肥方法，即改进的 SSNM 施肥方法，在以目标产量、土壤供肥能力和肥料利用率确定氮肥用量的基础上，做了两点改进：①基肥氮用量由 SSNM 方法推荐的 40％～45％，增加到 50％以上；②分蘖肥施用时间由 SSNM 方法推荐的移栽后的 12～15d，提前至移栽后 6～8d。

与传统的施肥技术比较，测苗定量施肥方法具有因天气、土壤、品种的不同，以及杂交水稻的生长状况的差异，确定氮肥施用量。通过用叶色卡测定水稻叶色的变化，比传统看苗诊断的目测经验更精确量化。

（一）叶片含氮量的快速诊断方法

国际水稻研究所有研究证明，叶绿素仪（SPAD）测定值与水稻叶色及氮素含量存在密切的相关性，可作为水稻叶色快速测定和叶片氮素营养状况的评估指标。但是，SPAD 价格高，难以在生产上大面积应用。国际水稻研究所研究发现，水稻叶色卡（LCC）测定值与 SPAD 测定值之间存在密切的相关性（图 4-5），可用叶色卡替代叶绿素仪进行叶片氮素田间诊断，且价格便宜，便于在水稻生产中推广应用。用叶色卡（LCC）测定水稻叶色，以确定不同时期的氮肥用量，其基本原理是基于水稻叶色变化与叶片含氮量之间的相关关系。LCC 一般分为 6 级，临界值为 3.5～4.0 级。施肥量由 LCC 临界值确定，即在临界值以上，按专家推荐计划用量的下限施肥，相反则按计划用量的上限施肥。

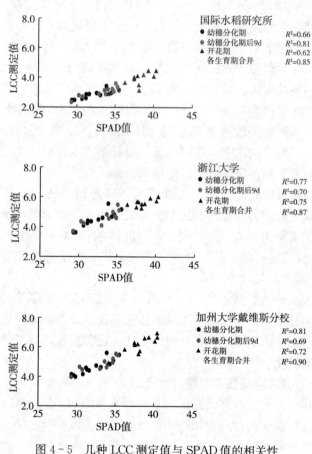

图 4-5　几种 LCC 测定值与 SPAD 值的相关性
比较（国际水稻研究所，2000）

叶片氮素的快速诊断方法是在追肥前1d，用叶色卡测定叶片的颜色（图4-6）。测定方法是：①选择能代表水稻植株的氮素营养状态的心叶下一叶叶片，即倒2叶，测定其中部叶色。如果叶色在2个等级之间，以2个级别的平均值为LCC值。②测定叶色时，用身体遮光测定叶色，因为叶色读数受太阳光照射角度和强度的影响。③随机在一丘田选取15～20片叶测定，如果其中有6～10片叶的LCC值低于临界值，则不推迟或减少追施氮肥。

图4-6 利用叶色卡测定水稻叶色

（图片来源：国际水稻研究所）

（二）以基础地力产量估计土壤养分供应能力

应用肥料养分空白区试验的产量（气候条件好、种植条件好）作为杂交水稻种植田土壤氮磷钾养分潜在供应能力的指标。在进行肥料试验时，选择有代表性的10～20个农户的稻田作为推荐技术示范区（推荐区域），每块稻田设置5m×15m的试验区，并划分为3个5m×5m的肥料养分空白试验区，各小区间作25cm宽和25cm高的小田埂。

－N区：氮限制产量，在不施用任何氮肥的试验小区测定。试验小区施磷肥和钾肥，但不施用氮肥。其次，在土壤缺锌的地区，还要施用锌肥及其他的微量元素。

－P区：磷限制产量，在不施用磷肥的试验小区测定。试验小区施用氮肥和钾肥，但不施用磷肥。施用足够的氮肥和钾肥，以达到推荐区域的目标产量，但要避免倒伏。

－K区：钾限制产量，在不施钾肥的试验小区测定。试验小区施用氮肥和磷肥，但不施用钾肥，施用足够的氮肥和磷肥，采用分次施用氮肥的方法，达到推荐区域的目标产量。

在杂交水稻成熟期，测定每个缺肥小区内 2m×2.5m 的稻谷产量。由 10～20 块稻田的缺肥空白试验小区的产量估计平均产量，即：平均氮限制产量（－N区产量）；平均磷限制产量（－P区产量）；平均钾限制产量（－K区产量）。

三、肥料用量的确定及施肥技术

（一）区域尺度的肥料用量及施肥技术

1. 氮肥 氮肥用量要满足杂交水稻生长的前期、中期、后期对氮素的需要，分次平衡施用，以满足杂交水稻生长发育及灌浆结实对氮素的需求，维持杂交水稻植株的碳氮平衡。区域尺度的氮肥用量为：

氮肥用量＝（目标产量－无氮肥区产量）×氮需要量/氮肥利用率

每生产 1 000kg 稻谷的氮需要量为 16～18kg，当季氮肥利用率为 35%～40%。假如，目标产量为 9 000kg/hm²，无氮区产量为 6 000kg/hm²，设氮肥利用率为 40%，则区域尺度氮肥用量为 120～135kg/hm²。

2. 磷肥 磷肥用量主要根据养分平衡原理确定，既要满足作物生长发育对磷素的需求，又要考虑到土壤供磷能力的维持和提高。区域尺度的磷肥用量为：

磷肥用量－（目标产量－无磷肥区产量）×磷需要量/磷肥利用率

每生产 1 000kg 稻谷的磷需要量为 6～8kg（P_2O_5），当季磷肥

利用率约 20%。假如，目标产量为 9 000kg/hm²，无磷肥区产量为
7 500kg/hm²，则区域尺度磷（P_2O_5）肥用量为 45~60kg/hm²。

3. 钾肥　钾肥用量同样是根据养分平衡原理确定，既要满足
作物生长发育对钾素的需求，又要考虑到土壤供钾能力的维持和提
高。具体方法如下：

钾肥用量＝（目标产量－无钾肥区产量）×钾需要量/钾肥利用率

每生产 1 000kg 稻谷的钾需要量为 20～22kg（K_2O），当季钾
肥利用率为 40%～45%。假如，目标产量为 9 000kg/hm²，无钾肥
区产量为 7 500kg/hm²，设钾肥利用率为 40%，则区域尺度钾
（K_2O）肥用量为 75～82.5kg/hm²。

由于杂交水稻产量对当季氮肥的用量敏感，对当季磷钾肥的用
量不太敏感，生产上一般应用区域尺度的氮肥用量公式计算施氮
量，磷钾肥则按照氮肥：磷肥（P_2O_5）：钾肥（K_2O）为 1：0.4：
（0.6～0.7）的比例施用。一般情况下，杂交早稻、晚稻的氮肥用
量为 120～150kg/hm²，杂交中稻为 150～180kg/hm²，可满足杂交
水稻高产栽培对氮肥的需求。按照氮磷钾肥的比例计算，双季稻的
磷钾肥用量分别为 50～60kg/hm² 和 75～90kg/hm²，一季稻的磷
钾肥用量分别为 60～70kg/hm² 和 90～110kg/hm²，既可满足高产
杂交水稻对磷钾肥的需求，又可维持稻田土壤磷素、钾素的平衡。

（二）田间尺度的肥料用量及施肥技术

分次施肥提供了平衡施肥所需的氮肥用量和分次施肥模式，应
用 LCC 测定叶色，以调节关键时期的计划氮肥用量。依赖于土壤
氮的供应量、品种和栽培方法，以确定基肥氮的需要量。但是，在
下列情况下需要施用更多的基肥氮：一是无肥区的产量较低
（<3t/hm²），二是栽插的株行距较大（≤20 蔸/m²），三是在移栽
时或播种时的气温或水温较低的地区。

由于杂交水稻前期生长慢，基肥氮施用不宜过多。氮肥需要分
3～4 次施用，尤其是对于生育期长的品种或者在高产季节栽培更
应分次施肥，具体氮肥施用量则根据杂交水稻田间叶色测定结果确
定。当杂交水稻生长健壮、光照条件好的季节可在抽穗期施用氮

肥，以延缓叶片衰老、促进籽粒灌浆结实。

应用叶色卡（LCC）诊断杂交水稻叶片氮素含量的基本原理是基于水稻叶色变化与叶片含氮量的密切相关性。用 LCC 的测定值作为杂交水稻叶片氮素含量的田间诊断指标，以确定氮肥的施用量。在分蘖期（移栽后 6～8d）、幼穗分化始期、抽穗期用 LCC 测定叶片叶色，由 LCC 的临界值（3.5～4.0）确定每次追肥的氮肥用量。生产上，由于杂交水稻品种和栽培方法的不同，LCC 临界值应用时可稍作修正。

氮肥分 3～4 次施用。基肥、分蘖期追肥、幼穗分化期追肥、抽穗期追肥的比例分别为 50%、20%～30%、20%～30%、0～10%。基肥按上述计算值施用，其他各追肥时期的氮肥用量，则根据叶色的田间测定值与预设阈值的大小比较进行上浮或下调。以预设氮肥用量 150kg/hm^2 为例，SPAD 预设阈值为 36～38 或 LCC 为 3.5～4.0，各追肥时期的氮肥用量可参考表 4-8。

表 4-8　应用测苗定量施肥方法的氮肥用量和施用时间

氮肥施用	施肥时间	氮肥用量（kgN/hm^2）
第 1 次氮肥施用	基肥（插秧前 1～2d）	60
第 2 次氮肥施用	分蘖期（插秧后 6～8d）	30±10
第 3 次氮肥施用	幼穗分化期（倒 3 叶期）	30±10
第 4 次氮肥施用	抽穗期	5±5
合计		100～150

即在分蘖期、幼穗分化期追肥，如果 SPAD 测定值>38 或 LCC>4.0，则追施氮肥 20kgN/hm^2，如果 SPAD<36 或 LCC<3.5，则追施氮肥 40kgN/hm^2，如果 SPAD 介于 36～38 之间或 LCC 介于 3.5～4.0 时，则追施氮肥 30kgN/hm^2。在抽穗期一般不追施氮肥，只有当叶色转淡黄时，才追施氮肥 10kgN/hm^2。

磷肥一般作基肥一次性施用。钾肥在分蘖期和穗分化期各施一半，或者一半作基肥、另一半在穗分化期作追肥用。

第五章

杂交水稻水分生理与节水灌溉技术

　　杂交水稻生理需水指用于正常生理活动以及保持体内平衡所需的水分，生态需水指用于调节温度、湿度，以及适应生长发育的田间环境所需要的水分。稻田需水量包括叶面蒸腾量、穴（株）间蒸发量和稻田渗漏量，其中一部分由水稻生长季节内降水补给，其余由人工灌溉补给。人工补给的水量称为灌溉定额，一般一季杂交水稻为300~420mm，双季杂交水稻为600~860mm。杂交水稻有效分蘖终止期后可排水晒田，以促进根系生长、控制无效分蘖；当进入生殖生长期后应复水浅灌，尤其是在孕穗到抽穗的水分敏感期，应保持适度深水灌溉，抽穗开花期后采用干湿间歇灌溉，以养根保叶和促进灌浆结实。生产上采用落水晒田控制无效分蘖生长的效果并不理想，但晒田期间能促进根系生长和根系下扎，增强抗倒伏能力，有利于杂交水稻高产。值得指出的是节水灌溉栽培不利于降低稻米镉含量，对于土壤镉污染的稻田建议采用淹水灌溉栽培，尽量减少晒田次数、缩短晒田时间。

第一节　杂交水稻的生理需水和生态需水

一、生理需水与生态需水

水稻的生理需水是指直接用于正常生理活动以及保持体内平衡所需的水分。稻株吸收的水分绝大部分是蒸腾作用散失的，蒸腾作用通常用蒸腾系数表示，它因土壤水分、气候环境、品种类型、生育阶段和全生育期不同而异。随着杂交水稻叶面积增加，蒸腾量也增加；孕穗期到出穗期，是蒸腾强度高峰期，以后随叶面积的下降，蒸腾量减少。杂交早稻前期气温低，蒸腾高峰到来迟，接近开花期达到最大值，其后气温高，仍然需要维持较高的蒸腾作用。杂交晚稻移栽后前期气温高，蒸腾高峰到来早，孕穗期达到最大值，其后随温度降低而下降。

杂交水稻在孕穗至抽穗期对水分反应最敏感，也是生理需水量大的时期。俗话说"禾怕胎里旱"就是讲在孕穗期不能干旱缺水。杂交水稻在抽穗开花期需要保持水层灌溉，以缩短抽穗开花的时间、提高抽穗整齐度。

杂交水稻的生态需水是指用于调节温度、湿度、抑制杂草等生态平衡，创造适于杂交水稻生长发育的田间环境所需要的水分。水的调温作用主要是水的比热、汽化热和热传导率决定的。水层对稻田的温度和湿度的调节作用较大，因为在土壤的水、气、土等三相中，以水比热最大，气化热亦高，传导热较低。

在水层条件下，土壤呈还原状态，有机质分解慢、积累多。稻田灌水期间土壤氨化细菌增高，氨化作用旺盛，氮的供给增加。保持水层有利于土壤保持其铵态氮不易流失，利于根系吸收。水层还使磷、钾、硅等矿质元素易于释放出来，有利于保持土壤肥力。

二、蒸发蒸腾作用及其影响因素

作物的蒸发蒸腾作用决定于气候、植株冠层和土壤条件的相互作用。杂交水稻在封行以前，以生态需水为主，其蒸发作用大于蒸腾作用，在封行以后，则以蒸腾作用为主，其蒸腾作用大于蒸发作用。Carmelita 等（2013）研究指出，水稻生长前期（苗期、分蘖期）是以理论蒸腾蒸发量大于实际蒸腾蒸发量，蒸发量大于蒸腾量；在生长中、后期则以实际蒸腾蒸发量大于理论蒸腾蒸发量，蒸腾量大于蒸发量。研究还发现水稻蒸腾蒸发量（ET）与日辐射量（Rn）和叶面积指数（LAI）均表现为显著的正相关关系，随着日辐射量的增加，蒸腾蒸发量增加，随着叶面积指数的增加，蒸腾蒸发量增加（图 5-1）。

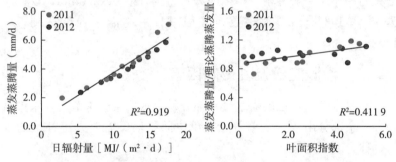

图 5-1 水稻蒸腾蒸发量（ET）与日辐射量（Rn）及叶面积
指数（LAI）的关系（Carmelita 等，2013）

第二节 稻田需水量、灌溉定额及水分利用效率

一、稻田需水量

稻田需水量，又称稻田耗水量，通常用 mm 表示。稻田需水量包括叶面蒸腾量、穴（株）间蒸发量与稻田渗漏量，其中叶面蒸腾量与穴（株）间蒸发量合称为蒸腾蒸发量或腾发量。杂交水稻在大田生长期间，群体叶面蒸腾量在各生育期是不相同

的，它随着杂交水稻生育进展和绿色叶面积的增大而增加，达高峰期以后随叶面积的减少而降低，呈单峰曲线。稻田穴（株）间蒸发量，受植株荫蔽的影响很大，移栽初期，植株幼小，蒸发大于蒸腾，在水稻分蘖盛期以后，蒸发小于蒸腾，植株越荫蔽蒸发越小。

渗漏量因稻田的整田技术、灌水方法、地下水位高低，尤其是土壤质地差异而有很大不同。在一定条件下，稻田土壤越黏重，渗漏量越小，土质越沙，渗漏量越大。

我国稻作区域辽阔，稻田需水量差异大，表现为由南到北逐渐增大的趋势。一般种植一季稻的需水量为380～2 280mm，双季稻为680～1 270mm，大多数地区稻田日平均需水强度达到5～15mm。

二、灌溉定额及其影响因素

灌溉定额。水稻的需水量一部分是由水稻生长季节内降水供给的，其余部分由人工灌溉补给。单位面积稻田需要人工补给的水量，称为灌溉定额。

整田用水量与自然条件、地形地貌、土壤种类和整田前的土壤含水量，以及耕作方式有关。中国南方稻区稻田灌溉定额：一季稻为300～420mm，双季稻为600～860mm。北方稻区由于气候干湿度变化大，灌溉定额变化也大，一般在400～1 500mm之间。

从表5-1可以看出，不同水分管理方式条件下早季两个水稻品种水分利用率都是平衡灌溉处理最高、交替灌溉处理次之、浅水灌溉处理最低，旱优3号在平衡灌溉、交替灌溉、浅水灌溉3种灌溉方式下的水分利用率，翻耕和免耕平均分别为2.39、2.08、1.65kg/m³，金优253分别为2.17、1.82、1.61kg/m³，旱优3号水分利用率分别比金优253高10.1%、14.3%、2.5%。就耕作方式来看，在同一水分管理方式下，水分利用率均以翻耕处理高于免耕处理，其中金优253翻耕处理浅水灌溉、交替灌溉、平衡灌溉水

分利用率分别为 1.64、1.88、2.29kg/m³，分别比免耕处理的高
4.5%、7.4%和 12.3%；旱优 3 号翻耕处理浅水灌溉、交替灌溉、
平衡灌溉水分利用率分别为 1.66、2.16、2.49kg/m³，分别比免耕
处理的高 1.2%、8.0%、8.7%。

　　表 5-1 还表明，从水分管理方式看，杂交水稻旱优 3 号晚季
栽培水分利用率同早季，也是以平衡灌溉处理最高、交替灌溉次
之、浅水灌溉最低，平均分别为 2.14、1.84、1.49kg/m³。杂交水
稻金优 253 平衡灌溉和交替灌溉处理的水分利用率比浅水灌溉处理
高，平均分别为 2.06、2.00、1.39kg/m³。品种间比较，金优 253
交替灌溉比旱优 3 号高 8.7%，其平衡灌溉和浅水灌溉比旱优 3 号
分别低 3.7%、6.7%。

表 5-1　水分管理及耕作方式对杂交水稻产量和耗水量利用
效率的影响（李昌华等，2011）

品种	灌溉方式	耕作方式	早季稻			晚季稻		
			产量 (t/hm²)	耗水量 (m³/m²)	水分利用率 (kg/m³)	产量 (t/hm²)	耗水量 (m³/m²)	水分利用率 (kg/m³)
旱优 3 号	交替灌溉	翻耕	8.59	0.40	2.16	8.64	0.42	2.05
		免耕	7.97	0.40	2.00	6.89	0.42	1.63
	平衡灌溉	翻耕	8.08	0.32	2.49	8.08	0.35	2.33
		免耕	7.42	0.32	2.29	6.76	0.35	1.95
	浅水灌溉	翻耕	7.24	0.44	1.66	7.48	0.48	1.56
		免耕	7.16	0.44	1.64	6.73	0.48	1.41
金优 253	交替灌溉	翻耕	7.51	0.40	1.88	9.36	0.42	2.22
		免耕	6.98	0.40	1.75	7.44	0.42	1.77
	平衡灌溉	翻耕	7.42	0.32	2.29	7.23	0.35	2.08
		免耕	6.64	0.32	2.04	7.05	0.35	2.03
	浅水灌溉	翻耕	7.16	0.44	1.64	6.77	0.48	1.41
		免耕	6.84	0.44	1.57	6.50	0.48	1.36

水稻灌溉定额受外界影响因素较多，如气温、降雨量及降雨时程分布、灌溉模式等。其中气温通过影响作物蒸发蒸腾量而影响灌溉定额，另外降雨量及时空分布直接影响灌溉定额的大小。薄露浅水灌溉与间歇灌溉处理能有效减少水面蒸发、地下渗漏，提高雨量利用率，薄露浅水灌溉经常落干露田，遇雨即可利用。

三、水分利用效率

水稻的灌溉水分生产效率，可用以衡量同一降水量范围内的灌溉区域所采用灌溉技术的先进性和合理性。生产上，以单位耗水量的稻谷产量表示水分生产效率，其计算方法如下：

耗水量生产效率(kg/m^3)＝产量(kg/hm^2)/耗水量(m^3/hm^2)

灌溉水生产效率(kg/m^3)＝产量(kg/hm^2)/灌溉定额(m^3/hm^2)

从表 5-2 可以看出，不同灌溉方式对杂交水稻江优 9527 产量及灌溉水利用效率有较大影响。大田期节水型、蓄雨节水型处理的灌溉水分生产效率分别为 2.82、3.36kg/m³，分别比传统型提高 8.5％和 29.2％；灌溉定额分别为 2 950、2 500m³/hm²，比传统型减少 4.8％和 19.4％；稻谷产量分别为 8.33、8.40t/hm²，分别比传统型增加 3.2％和 4.1％。由此可见，蓄雨节水型在大量减少灌水量的同时还能提高水稻产量。生长期间耗水量生产效率以蓄雨节水型处理最高，为 1.50kg/m³，比传统型处理提高 14.5％。

表 5-2　不同灌溉方式对杂交水稻产量及水分利用效率的影响（余青，2010）

处理	稻谷产量 (t/hm²)	灌溉定额 (m³/hm²)	灌溉水分生产效率 (kg/m³)	泡田水量 (m³/hm²)	有效降雨 (m³/hm²)	大田期耗水量 (m³/hm²)	耗水量生产效率 (kg/m³)
节水型	8.33	2 950	2.82	1 252	1 414	5 617	1.48
蓄雨节水型	8.40	2 500	3.36	1 252	1 836	5 589	1.50
传统型	8.07	3 100	2.60	1 252	1 794	6 147	1.31

注：节水型＝薄、浅、湿、晒灌溉；蓄雨节水型＝蓄雨型节水灌溉；传统型＝淹水灌溉。

　　灌溉对杂交水稻产量及水分利用率的影响还与氮肥施用有关，并存在明显的水、氮交互作用。不同灌溉方式和不同氮肥施用比例处理对杂交水稻冈优 527 产量和水分利用效率的影响（表 5－3）主要有以下 3 点：①不同灌溉方式条件下，稻谷产量、水分利用效率及氮肥吸收利用率的差异明显，其中以交替灌溉处理的产量和氮肥吸收利用率最高，前者平均为 8.70t/hm^2，后者平均为 44.8%；以节水灌溉栽培处理的水分利用效率最高，平均为 2.55kg/m^3，但当季氮肥的吸收利用率和农学利用率最低，分别为 34.1% 和 8.9kg/kg；以长期淹灌处理的水分利用效率最低，平均仅为 0.88kg/m^3。②在施氮量 180kg/hm^2 条件下，不同施氮比例（基肥：蘖肥：穗肥：粒肥）处理间稻谷产量、水分利用效率及氮肥吸收利用率的差异明显，其中长期淹灌、交替灌溉处理均以施氮比例为 3：3：2：2 处理的产量、水分利用效率及氮肥吸收利用率最高，节水灌溉处理则以施氮比例为 5：3：2：0 处理产量、水分利用效率及氮肥吸收利用率最高。③长期淹灌和交替灌溉以基蘖氮肥占 60%，节水灌溉以基蘖氮肥占 80% 的产量、水分利用效率及氮肥吸收利用率最高，其次长期淹灌、交替淹灌和节水灌溉分别以基蘖氮肥占 40%、80%、60% 的处理效果较好（表 5－3）。

表 5－3　在氮肥用量 180kg/hm^2 条件下，不同灌溉方式及氮肥
施用比例对杂交水稻冈优 527 水分利用效率及
氮肥利用率的影响（孙永建等，2017）

处理	氮肥施用比例：（基肥：蘖肥：穗肥：粒肥）	稻谷产量（t/hm^2）	水分利用效率（kg/m^3）	氮素总吸收量（kg/hm^2）	氮肥吸收利用率（%）	氮肥农学利用率（kg/kg）
长期淹灌：水深1~3cm	0：0：0：0	6.43	0.67	91.9	—	—
	7：3：0：0	8.02	0.83	147.6	30.9	8.9
	5：3：2：0	9.01	0.94	174.0	45.6	14.4
	3：3：2：2	9.50	0.99	178.4	48.1	17.1
	2：2：3：3	9.27	0.96	176.9	47.2	15.8
	平均	8.45	0.88	153.4	42.9	14.0

（续）

处理	氮肥施用比例：基肥∶蘖肥∶穗肥∶粒肥	稻谷产量（t/hm²）	水分利用效率（kg/m³）	氮素总吸收量（kg/hm²）	氮肥吸收利用率（%）	氮肥农学利用率（kg/kg）
交替灌溉：浅水促进分蘖，晒田控制分蘖，孕穗期复水1～3cm，抽穗期至成熟期干湿交替灌溉	0∶0∶0∶0	6.55	1.15	93.6	—	—
	7∶3∶0∶0	8.45	1.49	151.8	32.4	10.4
	5∶3∶2∶0	9.48	1.67	178.9	47.4	16.3
	3∶3∶2∶2	9.99	1.76	188.9	52.9	19.1
	2∶2∶3∶3	9.04	1.59	177.7	46.7	13.8
	平均	8.70	1.53	158.1	44.8	15.0
节水灌溉：分蘖期灌水量340m³/hm²；孕穗期灌水量327m³/hm²；开花期灌水量351m³/hm²；灌浆期灌水量342m³/hm²	0∶0∶0∶0	5.20	2.05	76.9	—	—
	7∶3∶0∶0	6.58	2.59	125.0	26.7	7.1
	5∶3∶2∶0	7.15	2.81	147.3	39.2	10.8
	3∶3∶2∶2	7.08	2.79	146.7	38.8	10.5
	2∶2∶3∶3	6.43	2.53	134.5	32.0	6.8
	平均	6.49	2.55	126.1	34.1	8.9

第三节　稻田土壤的水分特点及节水灌溉技术

一、稻田土壤水分特点

稻田土壤是在人为的周期性水旱交替耕作管理条件下，经历矿物质的氧化还原，动植物有机质的分解、积累，土壤微生物及两栖小动物的活动，矿物质的淋浴与淀积等过程而形成的。

稻田耕作层是由长期耕作形成的土壤表层，厚度一般为15～20cm，与犁底层的区分明显，土壤养分含量比较丰富，根系最为密集，土壤为粒状、团粒状或碎块状结构。耕作层由于连年受农事活动干扰和外界自然因素的影响，其水分物理性质和速效养分含量的季节性变化较大。要获得杂交水稻高产，必须注重保护与培肥耕作层。

稻田灌水后，耕作层为水分所饱和，土壤的氧化还原电位（Eh 值）降低，呈还原状态；在排水、晒田和冬干期，Eh 值增高。淹水后 Eh 值可下降到 $100 \sim 300mV$。长江流域双季稻区，冬季种植绿肥、马铃薯、油菜等旱作物，耕层 Eh 值也只有 $200mV$ 左右。一般把 Eh 值＝$300mV$ 作为氧化性和还原性的分界点。在较轻的还原状态下，对于减少肥料损失，提高土壤养分的溶解度，以及调节土壤酸碱度是有利的。但是如果还原作用太强，会产生大量的还原性物质，对水稻体内含铁氧化还原酶的活性有抑制作用，使稻根受到毒害，妨碍呼吸作用和养分的吸收，甚至使稻根发黑死亡。

水稻土中的氮素主要来自灌溉水、生物固氮、降水和有机物分解，其含氮物质大多数呈有机态存在，无机态的氮约 $2\% \sim 4\%$。在嫌气状况下，经过一系列生物化学过程，最终在氧化作用下释放出铵态氮（NH_4^+），这是水稻氮吸收的最适氮素形态。杂交水稻适宜于微酸到中性的土壤，稻田淹水后 pH 的高低可以得到调节，到最后平衡，趋向中性。

二、晒田的概念及其生理生态意义

晒田又称烤田或搁田，是指在杂交水稻的有效分蘖终止期，开沟排干稻田灌溉水层，保持其干旱状态 15d 左右。一般在水稻够苗期开始晒田，晒田程度应根据天气、土壤、水稻生长状况确定。其中，重晒是指晒到田间土壤开裂，可以在田中行走不沾泥土；轻晒是指土壤变硬，称为土壤木皮。其生理生态作用是：①改变土壤的理化性状，更新土壤环境。晒田后，大量空气进入耕作层，土壤氧化还原电位升高，二氧化碳含量减少，原来渍水土壤中甲烷、硫化氢和亚铁等还原物质得到氧化，含量减少，加速有机物质的分解矿化，土壤中有效养分含量提高。但铵态氮易被氧化和逸失，磷则由易溶性向难溶性方向转化，导致晒田过程中耕层土壤内有效性氮、磷含量暂时降低，但待复水后土壤中的养分则迅速提高。②调整了植株长相，促进了根系发育。晒田对水稻地上部分营养器官生长有暂时的抑制作用，但促进了稻株的物质运输中心和生产中心的转移，主茎和早生分蘖的养分得到加强。晒田使叶色变淡、株型挺直，部分无效分蘖死亡，茎的 1、2 节间变短，秆壁变厚，增强了植株的抗倒力，改善了群体结构和光照条件。晒田期间，由于土壤养分状况的改变，根系吸收力暂时减弱，促进根系下扎，白根增多，根系的活动范围扩大，根系活力增强。复水后提高了根系的吸收能力，植株生长速度又日趋加强。

三、节水灌溉技术

稻田灌水原则是以生理需水为基础，结合生态需水来制定，总的灌溉原则是：有水活蔸、浅水分蘖、中期晒田、湿润长穗、干湿壮籽。

杂交水稻不同生育期对水分的要求：返青期稻田保持一定水层，为秧苗创造一个温湿度较为稳定的环境，促进早发新根，加速返青。水稻分蘖期土壤含水饱和到浅水层之间，稻田土壤昼夜温差大，光照好，促进分蘖早发、单株分蘖数多。长江流域稻区杂交早稻、中稻抽穗开花期常有高温伤害问题，稻田保持水层，可明显减轻高温影响。灌浆结实期宜采用间歇灌溉，保持土壤湿润，使稻田处于水层与露田相交替的状态，做到"以水调气，以气养根，以根保叶"。

对于手工移栽的杂交水稻，一般在插秧后保持 3～5cm 较深水层，以便返青活蔸，然后保持浅水灌溉至有效分蘖终止期，以便促进杂交水稻分蘖。但对于机插杂交水稻或抛栽的杂交水稻，插（抛）秧后适宜维持浅的灌溉水层至有效分蘖终止期。一般在移栽（抛栽）后 15～20d，杂交水稻进入有效分蘖终止期。提高分蘖成穗率是杂交水稻高产栽培的重要途径，进入有效分蘖终止期后需要维持一段时间的干旱管理，生产上称为"露田"或"晒田"，以控制杂交水稻的无效分蘖，促进根系的生长，干旱管理的时间因品种而异，一般 15d 左右。干旱管理后复水恢复浅水灌溉或干湿交替灌溉至孕穗期，孕穗到抽穗期是杂交水稻对水分最敏感的时期，在水分敏感期间杂交水稻的需水量大，生产上采用适当的深水灌溉。此后，采用干湿交替灌溉至成熟前 10d 断水不再灌溉，甚至需要排水干田，以便机械收割。

晒田时间。晒田时间主要根据苗数确定，即"够苗晒田"，当全田总茎蘖数达到计划穗数（即有效总茎蘖数）时进行晒田；或根据有效分蘖临界叶龄期（总叶片数—伸长节间数）晒田，如 16 叶的品种，有效分蘖临界叶龄期为 11 叶，考虑到晒田效应滞后，实际晒田时间应提早在 10 叶开始，若生长过旺，还可以再提前一个叶龄期，称晒田够苗期。

晒田程度。晒田程度要根据苗情和土壤而定。苗数足、叶色浓、长势旺、肥力高的田应早晒，其标准为：田边开大裂口，中间开"鸡爪裂"，叶片明显落黄；反之，应迟晒、轻晒或露田（晾田），轻晒标准为：田边开"鸡爪裂"，叶片略退淡；晾田则只排干水，土壤湿润。

第六章

杂交水稻产量形成与田间诊断技术

　　杂交水稻经济产量是指稻谷产量，由产量 3 因子或产量 4 因子构成，前者包括单位面积有效穗数、每穗实粒数、千粒重，主要用于农业生产主管部门的大田生产调查，后者进一步将每穗实粒数分解为每穗总粒数和结实率，主要用于科研试验研究分析影响结实率的因素。杂交水稻产量构成因子形成的时间不同。其中，单位面积有效穗数的决定时间从移栽期到最高分蘖期后 10d，关键在分蘖期；每穗总粒数的决定时间为穗轴分化期至抽穗期，关键在第二次枝梗分化期和减数分裂期；结实率的决定时间为穗轴分化期至蜡熟期，关键在减数分裂期（高温、低温的影响）、开花期和灌浆盛期；千粒重的决定时间从稻穗第二次枝梗分化期至黄熟期，关键在第二次枝梗分化期至减数分裂期。各产量构成因子在其形成过程中具有自动调节功能，主要反映在对产量构成因子的补偿效应上，调节单株叶面积所产生的灌浆物质，与对应的每穗颖花数相适应，即源与库的平衡。杂交水稻群体苗数、叶片颜色及根系活力，可作为田间调控诊断的指标。杂交水稻群体自动调节的补偿效用在生长前期的调节补偿作用大于生长后期，而调节补偿的程度与种植的品种及环境条件有关。

第一节　杂交水稻产量构成因子及其决定时期

一、产量及产量构成因子

　　杂交水稻产量包括生物产量和经济产量。生物产量是指在一定的生育阶段或全生育期内，单位面积所积累的干物质总量，即根、茎、叶、花和果实等各器官干物质重量之和。由于根系测定难度较大，一般生物产量指地上部器官的干物质重量，不包括根系。生物产量中，有机物质占总干物质的 90%～95%，矿物质占 5%～10%。经济产量是指栽培目的所需要的有经济价值的主产品的数量，杂交水稻所指的经济产量是指稻谷产量。

　　收获指数，也称经济系数，是指杂交水稻经济产量与生物产量的比值，反映了生物产量转化为经济产量的效率。收获指数高，表明光合作用积累的有机物质转运到有主要经济价值的产品器官中的能力强，生产效率高；但收获指数高并不表明杂交水稻的经济产量也一定高。在正常情况下，经济产量的高低与生物产量的高低成正比，要提高经济产量，只有在提高生物产量的基础上，提高收获指数，才能达到提高经济产量的目的。

　　杂交水稻产量是以单位面积上作物产品器官数量来计算的，可以把单位面积上的产量分解为单位面积有效穗效、每穗实粒数、千粒重等产量因子。由于每穗实粒数等于每穗总粒数与结实率的乘积，因此产量也可分解为单位面积有效穗效、每穗总粒数、结实率、千粒重等产量因子。生产上，只有各产量因子之间协调发展，达到乘积最大时，才能获得高产。

　　产量 3 因子模型（稻谷产量＝单位面积有效穗数×每穗实粒数×千粒重）主要用于农业部门的产量预测或预判，为政府部门制定粮食计划或经济计划提供参考。产量 4 因子模型（稻谷产量＝单位面积有效穗数×每穗总粒数×结实率×千粒重）主要用于科研部门的栽培管理、品种特性评价或气候影响因素分析。

二、产量构成因子的调查

有效穗数。在收割前或成熟前调查单位面积的有效穗数，有效穗是指具有 5 粒及 5 粒以上饱满谷粒的稻穗。对于移栽稻，有效穗数的调查采用对角线 5 点取样法，每点调查 20 穴的有效穗数，取其算术平均数；对于直播稻，有效穗数调查采用对角线 5 点取样法，每点调查 $0.5 \sim 1.0 m^2$ 圆框内或方框内的有效穗数，取其算术平均数。但如果是分厢播种，则种植面积应包括厢沟的面积。

每穗总粒数。在调查有效穗数时，每点取样 2 穴平均穗数的样株，5 点共 10 穴样株。每穗总粒数为 10 穴样株的总粒数除以 10 穴样株的有效穗数。

结实率。结实率为 10 穴样株的饱满粒数（实粒数）占 10 穴样株的总粒数的百分率。实粒与空粒、秕粒（未饱满粒）的区分，可以用清水漂洗，即下沉谷粒为实粒，上浮谷粒为空粒或秕粒。

千粒重。千粒重表示谷粒的大小和充实度。将浸泡在清水中下沉的谷粒，用水冲洗干净干燥后称重。生产上，晒干到折断米粒有咔嚓声时，其稻谷含水量约为 13.5%，接近稻谷安全贮藏的含水量，称为风干重。一般，数计 3 个 500 粒称重，取其算术平均数。如果有烘干设备，可在 80℃的恒温条件下干燥 48～60h，达到稻谷的恒重，即烘干重。以稻谷的烘干重除以 86.5%，即为稻谷标准含水量（13.5%）条件下的风干重。

理论上讲，各产量因素中，每个因素的值越大，产量就越高。但生产上不可能每个因素同时增大，它们之间有相互制约关系。例如，穗数增多，则单穗粒数或单穗重就会减少。

三、产量构成因子的决定时期

（一）有效穗数的决定时期

有效穗数在出苗以后就受到外部条件的影响，移栽后的影响较大，分蘖盛期影响最大，此后影响逐渐下降，到最高分蘖期后的第

10d，几乎没有影响。在最高分蘖期以后，有些分蘖不能随主茎上的相应器官同时发育，出叶速度较同伸生长规律所要求的速度慢，随后便相继死亡，成为无效分蘖。因此，从出苗期到最高分蘖期后的第 10d 是决定穗数的时间，在分蘖盛期，外部条件对有效穗数具有决定性的影响。

单位面积上的有效穗数，是由其穴数、每穴分蘖数、分蘖成穗率三者决定的。穴数决定于插秧的密度及移栽秧苗的成活苋率。因此，培育壮秧，以确保插秧后返青快、分蘖早、分蘖成穗率高。决定单位面积有效穗数的关键时期是在分蘖期。当插秧密度确定时，单位面积穗数多少，取决于单穴分蘖数及分蘖成穗率。田间分蘖数下降是植株生殖生长的象征，而幼穗形成期一般在最高分蘖期后。分蘖出生越早、分蘖节位越低，越容易形成大穗。分蘖越迟，越不易成穗。生产上，促进前期分蘖，控制后期分蘖，是分蘖期栽培的主要任务。

（二）每穗总粒数的决定时期

每穗总粒数是由颖花分化数和退化数之差决定的，决定颖花分化数的时期是从穗轴分化期到雌雄蕊形成期，其中要历经两个临界期：一是在第二次枝梗颖花分化期，其每穗粒数快速增加；二是集中在减数分裂期，稻穗下部第一、第二次枝梗及其枝梗上的颖花容易停止生长和死亡（退化），导致每穗粒数减少。每穗颖花分化数与其秧苗和茎秆的粗壮密切相关，稀播壮秧及适当稀植促进壮秆，有利于大穗发育。从穗颈节分化期（抽穗前约 30d）到减数分裂期（抽穗前约 10d），外部条件对每穗粒数有明显影响。生产上，在稻穗分化始期施用促花肥，在孕穗期施用保花肥。但双季早稻要注意看苗施用保花肥，防止促进无效分蘖的生长，使后期功能叶片过度伸长。颖花退化则是由于花粉母细胞减数分裂期受到外界环境的影响，减数分裂期后，每穗总粒数基本确定。生产上常在花粉母细胞形成期施用保花肥，以减少颖花退化，有利于形成大穗。

决定每穗实粒数的关键时期是在孕穗期。稻穗的大小，结实粒的多少，主要取决于幼穗分化过程中形成的小穗数目、小穗退化和小穗结实率。在幼穗形成过程中，缺乏营养会导致稻穗中途停止发育，形成败育小穗，降低结实率，造成穗小粒少。因此，生产上要培育壮秆大穗，防止小穗败育，提高结实率，为高产打下基础。

（三）结实率的决定时期

决定结实率的时期是穗轴分化期到蜡熟末期，而影响最大的是在减数分裂期（花粉粒发育期）、开花期和灌浆盛期。生产上将不实粒分为空粒（未受精粒）和秕粒（停止发育粒）。空粒是由于花粉粒未形成，或在开花期未受精所致，与繁殖器官中的一些障碍因素有关。秕粒是因为受精后谷粒发育停止造成的，是影响结实率高低的主要因素。秕粒的形成既与抽穗前植株的物理结构（维管束发育）、化学成分（碳水化合物、氮化合物）和单位面积总粒数有关，也与抽穗后的碳同化率及其碳水化合物的运转率有关。抽穗后碳同化率对结实率起决定性作用，日照辐射、叶片含氮量、植株形态等与结实率的关系均密切。

在减数分裂期和开花期若遇上高温（日均温＞30℃，日最高气温＞36℃）、低温（日均温＜20℃）、干旱、阴雨、大风等不良环境，易导致雄性不育或开花受精不良而形成空粒。在灌浆结实期，如遇"高温逼熟"，或剑叶早衰，抑或贪青晚熟等均易导致灌浆结实不良而形成秕粒。

（四）千粒重的决定时期

第二次枝梗分化期（抽穗前约27d）至黄熟期是千粒重的决定时期。其中，对千粒重影响最大的两个时期：一是在花粉母细胞减数分裂期，主要影响谷壳的体积；二是在抽穗后至乳熟末期，主要影响胚乳的充实度，减少秕粒数，提高千粒重。

决定千粒重及最终产量是在灌浆结实期。杂交水稻粒重是由谷粒大小及成熟度所构成。子粒大小受谷壳大小的约束，成熟度取决于结实籽粒灌浆物质的积累状况。籽粒中灌浆物质的积累与光合产物积累和转运有关。如果杂交水稻出现早衰或贪青徒长，以及不良气候因素的影响，籽粒灌浆不畅，影响成熟度，形成秕粒，降低粒重。因此，灌浆结实期要促进粒大、粒饱，防止空秕粒。

杂交水稻产量构成因子在其形成过程中具有自动调节现象，这种调节主要反映在对群体产量的补偿效应上。杂交水稻自动调节能力较强。种植密度偏低或苗数不足，可以通过促进分蘖的发生，形成较多的分蘖穗数来补偿；穗数不足时，每穗粒数和粒重的增加，可有所补偿。生长前期的补偿作用往往大于生长后期，而补偿程度，则取决于品种，并随生态环境和气候条件的不同而有较大差异。

产量构成因子在水稻生长发育过程中是相互制约的。一般单位面积穗数超过一定范围，则随着穗数的增多，每穗粒数和粒重会有下降的趋势。杂交水稻产量形成是单位面积有效穗数、每穗实粒数和粒重矛盾的协调，也是群体和个体矛盾的协调。因此，制定合理的种植密度、控制好分蘖数、最大限度地提高光合生产能力有助于实现高产。

第二节 杂交水稻产量及其构成
因子的变化特点

一、一季稻产量及其构成因子的变化特点

(一)产量

杂交水稻产量既决定于品种本身的遗传特性，同时又受种植地点环境因素的影响。不同杂交水稻品种产量既存在显著的基因型差异，也存在显著的地点间差异及年度间差异。从不同品种多地点联合试验结果可以看出（表 6 - 1）：（1）不同品种间杂交水稻产量以两优培九最高，平均为 $10.30t/hm^2$，显著高于 II 优 084、II 优航 1号、D 优 527 等品种，但与准两优 527、Y 优 1 号产量差异不显著；以常规水稻品种胜泰 1 号和早期的杂交水稻品种汕优 63 产量最低，产量分别为 $8.57t/hm^2$ 和 $8.85t/hm^2$。（2）不同地点间产量以桂东点最高，3 年平均为 $11.55t/hm^2$；南县点次之，3 年平均为

8.76t/hm²；以长沙点产量最低，3 年平均为 8.23t/hm²。（3）不同年份间产量以 2009 年产量最高，3 点平均为 10.02t/hm²；2008年产量次之，3 点平均为 9.57t/hm²；2007 年产量最低，3 点平均为 8.97t/hm²。

表 6-1　一季杂交水稻产量及其构成的品种间、地点间、年度间差异（2007—2009）

	处理	有效穗数（No. /m²）	每穗总粒数	结实率（%）	千粒重（g）	颖花数（×10⁴/m²）	收割产量（t/hm²）
品种	Ⅱ优 084	233.0c	166.1bc	84.2bc	25.8d	3.88bc	9.40c
	Ⅱ优航 1 号	226.4c	180.4a	81.6cd	26.6d	4.09b	9.32cd
	D优 527	234.2c	159.8cde	79.4d	28.7b	3.74cd	9.62bc
	两优培九	249.6ab	178.8a	82.0bcd	24.6e	4.42a	10.30a
	内两优 6 号	232.7c	152.8def	79.7d	30.7a	3.54d	9.63bc
	Y优 1 号	252.2ab	162.1cd	85.0bc	25.9d	4.08b	9.81abc
	中浙优 1 号	256.5a	155.8cdef	85.4b	26.2d	3.97bc	9.63bc
	准两优 527	239.5bc	146.4f	89.2a	30.6a	3.50d	10.02ab
	汕优 63	251.7ab	148.9ef	79.4d	27.9c	3.75cd	8.85de
	胜泰 1 号*	262.4a	176.3ab	78.7d	21.7f	4.58a	8.57e
地点	长沙	224.2c	168.2a	78.6c	26.9a	3.79b	8.23c
	桂东	272.2a	163.1a	87.5a	26.7a	4.40a	11.55a
	南县	235.0b	156.9b	81.2b	27.1a	3.68b	8.76b
年份	2007	239.5b	152.6b	84.4a	25.7b	3.62c	8.97b
	2008	228.8b	171.4a	83.6b	26.3a	3.91b	9.57a
	2009	263.0a	164.2a	79.9c	25.1c	4.34a	10.02a

注：* 为常规水稻品种；同一列数据后相同字母表示品种间、地点间及年份间差异未达到 5% 的显著水平。

（二）产量构成

高产杂交水稻产量构成表现出多穗型、大穗型、多穗小穗型等多种类型。对于千粒重相同的品种，以单位面积颖花量来表述产量构成的指标。对于千粒重不同的品种，需要进行标准化处理。如果对单位面积颖花量进行标准化处理，则可得到其单位面积库容量，即单位面积库容量＝千粒重/标准千粒重×单位面积颖花量。单位面积库容量，既表示颖花（库）的数量，也表示颖花（库）的大小，便于不同品种间库容量的比较。假定标准的千粒重为25g，对单位面积颖花量进行标准化处理，得到各杂交水稻品种的库容量（单位面积颖花量），对表6-1中单位面积颖花数（库容量）与籽粒产量之间进行相关分析，发现二者之间存在极显著的相关性（$r=0.731^{**}$），说明单位面积籽粒产量高度依赖于库容量，其依赖程度达到53.4%。

从表6-1可以看出，杂交水稻根据产量构成可分为：多穗型（有效穗数≥250穗/m²）品种，有中浙优1号、Y优1号、汕优63；大穗型（每穗总粒数≥170）品种，有Ⅱ优航1号、两优培九；高结实率型（结实率≥85%）品种，有准两优527、中浙优1号、Y优1号；大粒型（千粒重≥30g）品种，有准两优527和内两优6号。而杂交水稻以单穗重（每穗总粒数×结实率×千粒重）为依据，则可分为穗数型（多穗型）和穗重型（单穗重≥3.7g）两种类型，前者对应上述的多穗型品种，后者对应上述的高结实率型和大穗型品种。可见，杂交水稻品种的穗粒结构协调，单穗重较大（3.5~4.0g），表现高产；而常规水稻品种胜泰1号和早期的杂交水稻品种汕优63单穗重分别为3.0g和3.3g，尽管有效穗数较多，但产量仍然低于穗重型杂交水稻品种。

（三）产量与产量构成因子的关系

表6-2表明，不同产量构成因子以有效穗数对产量的直接作用最大（0.806），其他依次为每穗粒数（0.570）、千粒重（0.496）和结实率（0.445）。结实率通过有效穗数和千粒重对产量具有正向的间接作用。一季杂交水稻品种比较理想的穗粒结构为：每平方米有效穗数250穗左右，每穗总粒数170粒以上，千粒重25g左右。

表 6 - 2　杂交水稻产量构成因子对产量的直接贡献和间接贡献

产量构成因子	直接贡献	间接贡献				显著性
		通过 X_1	通过 X_2	通过 X_3	通过 X_4	
有效穗数 (X_1，$10^4/hm^2$)	0.806		−0.124	0.048	−0.117	$R^2=0.757**$
每穗粒数 (X_2)	0.570	−0.175		−0.117	−0.234	SSe＝0.871
结实率 (X_3，%)	0.445	0.087	−0.149		0.055	n＝150
千粒重 (X_4，g)	0.496	−0.190	−0.269	0.049		

注：R^2 为决定系数；SSe 为复回归剩余标准差；n 为样本数；** 为 0.01 显著水平。

可见，杂交水稻同一品种在不同种植地点产量表现不同，不同品种在相同的种植区域产量表现也不一致。对于杂交水稻的栽培，要确保在足够有效穗数的基础上，增加每穗粒数，同时也要兼顾结实率和千粒重。对于产量影响最重要的产量构成因子，有人认为是有效穗数也有人认为是每穗总粒数。以不同类型杂交水稻品种进行试验发现，杂交水稻产量构成存在显著的基因型差异，表现出大穗型、多穗型和中间类型，其产量构成因子受环境条件的影响，也受氮肥施用量的影响，或栽插密度（或播种量）的影响。生产上，从低产水平到中产水平，主要是促进分蘖及其成穗，增加单位面积有效穗数；从中产水平到高产水平，主要是促进大穗发育，增加每穗粒数。

二、双季稻产量及其构成因子的变化特点

（一）产量

双季稻是我国长江流域最主要的种植制度之一，尤其是湖南、江西等地气候及土壤适宜于双季稻种植。为了解双季杂交水稻品种的产量表现，作者 2007—2010 年在湖南衡阳、益阳、岳阳大田栽培条件下，比较研究了早稻株两优 819、陆两优 996 等品种和晚稻丰源优 299、金优 299 等品种的产量及产量构成特点。结果表明，

早稻不同品种 3 个地点平均产量以陆两优 996 和中嘉早 32 最高，分别达到 8.03t/hm² 和 7.91t/hm²，其他品种依次为株两优 211、金优 458、中早 22、株两优 819、株两优 02。晚稻不同品种 3 个地点平均产量以钱优 1 号和天优华占产量最高，分别达到 7.69t/hm² 和 7.55t/hm²，以金优 299 产量最低，为 6.43t/hm²，其他各品种产量差异不显著（表 6 - 3）。

表 6 - 3　双季杂交水稻产量及产量构成品种间差异

（2007—2009，衡阳、长沙、益阳）

类型	品种	产量 (t/hm²)	有效穗数 (No. /m²)	每穗总 粒数	结实率 (%)	千粒重 (g)
早稻	金优 458	7.68c	301.50a	117.64ab	82.38bc	27.02c
	陆两优 996	8.03a	294.08a	124.37a	83.62ab	28.55a
	株两优 02	7.42d	309.42a	113.57b	83.59ab	27.62b
	株两优 211	7.75bc	296.83a	121.81ab	86.04a	27.59b
	株两优 819	7.64c	306.16a	124.94a	83.25ab	26.83c
	中嘉早 32	7.91ab	287.50a	125.55a	83.68ab	26.80c
	中早 22	7.66c	291.00a	126.01a	80.20c	28.25a
晚稻	丰优 272	6.96b	257.57c	116.62bc	84.82bc	30.86c
	丰源优 299	7.10b	261.20c	129.53a	86.79ab	29.96d
	赣鑫 688	6.99b	258.24c	124.25ab	78.34e	25.86g
	金优 299	6.43c	250.02c	113.29bcd	87.88a	27.70e
	内两优 6 号	7.19b	266.03bc	107.15cd	76.51e	34.02a
	钱优 1 号	7.69a	290.96ab	114.94bc	81.62d	27.38f
	天优华占	7.55a	295.14a	120.09ab	86.07abc	25.60g
	协优 315	7.08b	273.12abc	102.94d	85.10bc	31.31b

注：表中同一列数据后字母相同表示差异未达到 5% 的显著水平。

（二）产量构成

由表 6 - 3 还可以看出，早稻品种间有效穗数差异不显著，每穗总粒数、结实率和千粒重品种间差异显著，可见在多穗的基础上，争取大穗和高结实率是早稻高产栽培的关键；晚稻各产量构成因子品种间差异显著，表现出多穗、大穗、高结实率类型（天优华占），大穗、高结实率类型（丰源优299），以及特大粒型（内两优6号）等多种产量构成类型。双季杂交水稻品种比较理想的穗粒结构为：每平方米有效穗数达到300穗，每穗总粒数120～150粒，千粒重25g左右。

第三节　杂交水稻产量构成因子的调节与关键叶龄期

一、产量构成因子的调节

　　杂交水稻产量构成因子的调节包括单位面积总苗数、有效穗数、每穗颖花数等。每穗颖花数要与单株叶面积所能产生的灌浆物质及所对应的每穗颖花数相适应。颖花数分化过多，会引起退化、增加空秕粒。有效穗数的调控需要控制总茎蘖数进而提高分蘖成穗率。争取中、低节位一次分蘖和部分二次同伸的分蘖，提高分蘖成穗率和整齐度。田间总苗数的调控是在田间总苗数达到计划穗数的85%时，即田间总苗数双季稻控制在300株/m² 以下、一季稻控制在250株/m² 以下，开始晒田抑制无效分蘖的发生，使群体总苗数分别控制在350株/m² 和300株/m² 的适宜范围内。一般千粒重表现稳定，当千粒重变化1g左右，即表现出5%～10%的产量波动幅度。田间管理的目标是在前、中期防止徒长、早衰，在抽穗后保护叶片、根系不受损害。结实率与总颖花数有关，分化过多，养分不足，将引起退化与空秕粒增多。因此保护主要光合器官及养分运转系统有助于提高结实率与粒重。结实率过低表示结实不良，过高则总颖花数可能过少。

二、关键叶龄期

有效分蘗临界叶龄期。指主茎总叶数减去伸长节间数的叶龄期，主要诊断指标是群体总茎蘗数。高产的适宜总茎蘗数为预期穗数，若茎蘗数不足则应追肥促蘗，若茎蘗数过多则应及早晒田控制无效分蘗的生长。

穗分化始期的叶龄期。指主茎总叶数减去 3.5 的倒数叶龄期，主要诊断指标是群体总茎蘗数与叶色，是决定施用穗肥（即促花肥）的重要时期。早稻是穗分化始期在前，拔节期在后；晚稻是穗分化始期在后，拔节期在前；中稻则是穗分化始期与拔节期同步。

拔节期的叶龄与稻穗分化期的叶龄差异不大，其中早稻拔节期发生在稻穗分化之后，其叶龄＜倒 3.5 叶期；晚稻发生在稻穗分化之前，叶龄＞倒 3.5 叶期；中稻则二者相同，叶龄＝倒 3.5 叶期。主要诊断指标仍然是总茎蘗数与叶色。若总茎蘗数不足，且叶色已退淡，则可酌情施用保蘗促花肥；若总茎蘗数达到了预期数，叶色偏深，则应偏重晒田、并延长晒田期，以抑制茎叶生长，改善群体内后期的光照条件，促进根系生长，防止倒伏。

当田间单位面积总苗数等于预计的有效穗数时的日期，称为有效分蘗终止期，达到有效分蘗终止期的日期，与栽秧后的温度和栽插的基本苗数有关，但大多在栽秧后 15～20d。杂交水稻的有效分蘗终止期叶龄早稻为 8.3～9.0，晚稻、中稻为 9.7～10.1（表 6-4）。双季稻有效分蘗终止期的叶龄，相当于总叶片数减伸长节间数。例如，某品种总叶片数为 13，伸长节间数为 4，有效分蘗终止期的叶龄为 9。生产上，由于中稻大穗型品种的有效穗数较少，约提前 1 个叶龄期达到有效分蘗终止期。在幼穗分化始期，由于稻穗太小，不能用肉眼观察到，可在幼穗分化第 3 期，即当幼穗开始出现白毛时可用肉眼观察诊断进入幼穗分化第 3 期的叶龄。生产上可在杂交水稻幼穗分化第 3 期前后两次施用穗肥，其中第一次施肥促进颖花和枝梗的分化，称为促花肥；第二次施肥防止颖花和枝梗的退化，称为保花肥。

表 6 - 4　杂交水稻品种总叶片数和关键叶龄期（2007—2009，长沙）

类型和品种		主茎叶片数	伸长节间数	有效分蘖终止期叶龄	拔节期叶龄	二次枝梗分化期叶龄	最高苗期叶龄
早稻	株两优 819	11.7	3.5	8.3	8.7	9.9	10.0
	陆两优 996	12.7	4.0	9.0	9.4	11.0	10.5
	两优 287	12.1	3.8	8.5	9.0	10.3	10.1
晚稻	丰源优 299	15.1		9.9	11.5	13.3	12.5
	金优 299	14.5	4.5	9.7	11.0	12.7	12.1
	天优华占	15.3	5.0	10.1	11.7	13.6	12.7
中稻	Y 优 1 号	15.7	5.0	9.8	12.7	14.0	12.6
	两优培九	15.7	5.0	9.8	12.6	14.0	12.6
	中浙优 1 号	15.9	5.5	10.0	12.7	14.3	13.2

三、田间诊断

（一）前期诊断

大田栽培条件下，生长前期是指移栽期到稻穗分化始期。杂交水稻叶色深浅主要受叶片叶绿素含量和氮素含量的影响，在生长前期叶片出现第一次"黑""黄"的叶色变化，即在分蘖盛期出现第一次"黑"，分蘖后期加之晒田出现第一次"黄"。判断叶色深浅，一般多凭经验目测；或用深浅不同的叶色卡（LCC）；也可利用叶鞘颜色作天然色卡，若叶色深于叶鞘时，表示叶色转黑，浅于叶鞘时，表示叶色转黄。叶形反映稻株代谢状况。氮代谢越旺，生长越迅速，叶片组织越柔嫩，则叶片披垂严重。反之，稻株向积累型代谢转移时，生长减慢，叶片伸长受到抑制，叶形逐渐挺直。株型（丛株）是品种特征。插秧返青后，株型渐趋直立，进入分蘖期后，随着新叶和分蘖的发生，株型逐渐散开，称为散蔸。

（二）中期诊断

生长中期是指稻穗分化始期到抽穗期。杂交水稻在生长中期叶片出现第二次"黑""黄"的叶色变化，即在晒田后复水，稻穗开始分化，叶色出现第二次"黑"，在孕穗至抽穗期叶色出现第二次"黄"的叶色变化。单产 7.5t/hm² 以上的高产杂交水稻，当叶面积指数大于 4 甚至 5 时即达封行期，即在剑叶露尖前后，叶龄余数在 1.0 左右为宜。封行过早，下部透光差，不利穗粒发育；封行过迟或封行不足，则群体生长量偏小，不能充分利用光能。

（三）后期诊断

生长后期是指抽穗期到成熟期。抽穗后稻株绿叶数多少，直接影响到籽粒充实程度。高产杂交水稻要求抽穗后到灌浆期单株能保持 3～4 片绿叶，以后随谷粒成熟，下部叶片逐渐枯黄，到黄熟期功能叶片由绿色转淡黄，表现为植株碳氮平衡、后期落色好的高产特征。保持根系和叶片的活力。田间诊断根系活力的方法，一是看白根、褐根（尖端仍为白色）的多少；二是用手拔稻株，如不易拔起或拔起后稻根带泥土多，表示根系活力良好。生产上，后期施用氮肥或氮肥后移的施肥方法要谨慎，防止后期贪青和倒伏，这对于高产栽培极其重要。

第七章

杂交水稻"三定"栽培技术

　　杂交水稻"三定"栽培技术是指定目标产量、定群体指标、定技术规范,其核心是因地定产。生产上,目标产量是指生产者在来年期望获得的产量。对于一家一户分散种植户每年希望能够达到品种的产量潜力,对于规模种植的种植大户每年希望在高产的基础上,还能够实现最大的生产利润。不同种植地点由于土壤、气候等生态条件及种植者的管理经验不同,杂交水稻产量表现不同,加之施肥条件下的产量与不施肥条件下的基础地力产量显著相关,目标产量的确定应因地点而异,即因地定产。生产上,可用回归模型法或区域平均法确定目标产量。回归模型法是根据施氮肥条件下的产量($Y_{nitrogen}$)依赖于不施氮肥条件下的基础地力产量(Y_{soils})的原理($Y_{nitrogen} = a + bY_{soils}$),在施肥产量的基础上,增加 $10\% \sim 15\%$ 的增产幅度($\triangle X$)作为某一区域的目标产量(Y_{target}),即:$Y_{target} = (1 + \triangle X) \times Y_{nitrogen}$。区域平均法是在前 3 年平均产量($Y_{average}$)的基础上,增加 $10\% \sim 15\%$ 的增产幅度($\triangle X$),作为某一区域的目标产量,即:$Y_{target} = (1 + \triangle X) \times Y_{average}$。通过增加种植密度和增施氮肥创造高产群体是很容易的,但高产群体最终是否高产决定于灌浆结实期的光照条件。如果抽穗后光照好,则群体越大产量越高,否则群体越大产量越低。事实上,目标产量不是越高越好,种植户希望的是年年稳产高产,而不是追求冒着风险的高产更高产。

第一节 杂交水稻高产栽培的技术策略

我国水稻生产中长期采用的是高产量、低效益的劳动密集型生产技术,劳动力成本低被认为是中国农业生产的一大优势。其实,这种重产量、轻效益的认识是片面的,因为劳动力是很重要的生产成本。农业生产的劳动力成本高,主要是因为以手工劳动的生产效率低,其结果是农业生产的净收益低,农产品在国内外市场上的竞争能力不强,也影响到以农产品为原料的加工业。由于长期忽视劳动力成本的重要性,省工栽培技术、尤其是规模化生产条件下的省工栽培技术研究和应用长期得不到应有的重视。20 世纪 70 年代,水稻生产中开始应用小型动力耕田机械、人力收割机械和人力植保机械,到 90 年代基本实现了耕田、耙田、耘田等作业的机械化,但收割和病虫防治仍然以人工作业为主。近些年,中小型动力收割机械和小型动力植保机械得到快速发展,在平原地区和丘陵地区基本实现了收割作业和植保作业的机械化。如果能够解决双季早稻的浅插和密植问题以及双季晚稻的长秧龄栽插问题,未来水稻机械插秧将得到快速发展,水稻生产也将实现耕田、插秧、植保、收割等全程机械化作业,从而大幅度提高劳动力效率。

长江中下游地区适合水稻种植,尤其是湖南、江西等省发展水稻生产的优势明显。20 世纪 60～80 年代双季稻生产得到快速发展,但近 20 年水稻单产徘徊不前,规模化生产条件下早稻或晚稻单产 $7.5t/hm^2$ 的瓶颈难以突破,究其原因:一是水稻育种目标由单纯的提高产量,向增强抗逆性和提升品质转变,品种进一步增产的潜力有限;二是水稻施肥实现了由以有机肥和化肥并举到以化肥为主的转变,增施肥料进一步增产的潜力有限;三是水稻栽培管理实现了由以传统的育苗、密植、手插等精耕细作方式,向以抛栽、直播、机插等轻型省工方式的转变,栽培管理的增产作用得不到发挥，即使是近年培育的大穗型杂交水稻品种，在粗放的栽培管理条件下种植，也限制了品种的增产潜力。因此，如何突破水稻生产的瓶颈，需要探讨和研究适应社会经济发展的、有利于品种增产潜力发挥的、农民又愿意接受的规模化栽培技术。

近几年，一些发达国家利用信息技术和先进设备大力发展精准农业，以达到改良作物表现和提高环境质量的目的。我国由于经济条件和技术装备水平的限制，至少未来 20 年还难以实现精准意义上的现代化水稻生产。但是，随着社会经济的发展，以水稻生产环节的专业合作社承包服务将得到快速发展，由现在的耕田承包、收割承包、病虫防治承包，发展到育秧承包、插秧承包、灌溉承包等各个生产环节。由于早稻密植、晚稻大秧龄等机插秧技术还不能完全满足双季稻生产的需要，机械插秧技术已成为水稻全程机械化生产的技术瓶颈。

第二节　杂交水稻因地定产栽培的理论依据

杂交水稻生产目标产量是指生产者所期望获得的单位面积稻谷产量，一般在播种之前估计确定。目标产量与品种选择、种子用量、栽插密度、肥料用量、灌溉方式、病虫草防治等田间管理，以及前后茬作物的搭配等多种因素有关。作者于 1997 年和 2003 年先后提出在当地前 3 年平均产量的基础上，增加 15%～20% 的增产幅度作为杂交水稻高产栽培，或超高产栽培的目标产量。该方法考虑了不同气候年型、当地传统栽培习惯对水稻产量的影响，加之简单实用，已得到国内同行的认可。

但是，目标产量的确定方法主要是基于区域平均法的思考，其增产幅度的确定属于经验或者期望，缺乏科学的量化指标，也缺乏有效的田间试验评价及验证。因此，值得进一步探讨水稻目标产量确定的理论依据及其方法。

与常规水稻相同，杂交水稻产量表现是基因型与环境互作的结果，通常表现出以下 3 个特点：①同一基因型品种在不同地点环境条件下产量表现不同，即存在高产地点或高产土壤；②在同一种植地点不同基因型品种产量表现也不同，即有高产品种和低产品种之分；③同一品种在同一地点种植则产量表现相对稳定，但也存在年度间差异。高产栽培的目的就是协调品种基因型与环境因子间的互作关系，创造有利于杂交水稻生长发育和产量形成的环境条件，从而获得高产。

一、产量的地点间差异

杂交水稻产量表现既受品种基因型的影响，又与栽培环境条件及田间管理措施有关。其中，种植地点的土壤和气候是影响杂交水稻产量表现的主要环境因素。由于种植地点土壤因素和气候因素的差异，即使是同一基因型品种，在不同地点采用相同的栽培管理措施种植，产量表现也存在显著或极显著的地点间差异。

为了探讨杂交水稻在不同地点间的产量表现及其氮肥施用量对产量表现的影响，作者等人于 2004—2005 年在湖南桂东、衡阳、永州、长沙、南县等 5 个地点，对杂交水稻准两优 527 在 90、135、180 kg/hm^2 等 3 种氮肥用量条件下进行了多点联合栽培试验，产量结果如表 7-1 所示。从表 7-1 可以看出：（1）不同试验地点间施氮处理平均产量差异显著，说明杂交水稻具有适宜的种植区域，高产（12 t/hm^2 以上）栽培应满足杂交水稻对光温生态条件的要求。两年 5 点试验均以桂东产量最高，不同施肥处理的平均产量 2004 年为 12.47 t/hm^2，2005 年为 11.95 t/hm^2。（2）高、中、低氮肥处理间平均产量差异不明显，说明施氮量不是产量增加的限制因子。不同施肥处理平均产量依次为中肥、低肥、高肥处理，分别为 9.82、9.79、9.73 t/hm^2，处理间产量差异不明显。

表 7 - 1　不同试验地点和施肥量条件下杂交
水稻准两优 527 的产量表现

| 年份 | 地点 | 不同施氮处理（t/hm²） | | | 施氮处理平均 |
		低氮（N90）	中氮（N135）	高氮（N180）	（t/hm²）
2004	桂东	12.16a	13.08a	12.16a	12.47a
	南县	10.82a	10.70a	10.59a	10.70b
	长沙	8.88a	8.99a	8.73a	8.86d
	衡阳	9.49a	9.58a	9.74a	9.60c
	永州	7.79a	7.69a	7.60a	7.69e
2005	桂东	12.14a	11.91a	11.81a	11.95a
	南县	8.81a	9.09a	9.01a	8.97d
	长沙	9.64a	9.32a	9.54a	9.50c
	衡阳	10.72a	10.91a	10.59a	10.74b
	永州	7.44a	6.93a	7.50a	7.29e

　　注：同一行 3 种施肥水平之间比较，同一列 5 个地点之间比较，不同字母表示达到 5% 的显著差异。

二、产量的年度间差异

　　由于不同年份间气候因子的变化及其对产量的影响不同，即使是在同一地点的相同季节种植，水稻产量表现出明显的年度间差异，即水稻产量的气候年型不同。水稻产量的气候年型分为丰产年、平产年、欠产年，一般以 4～5 年为一个周期。也就是说，在水稻气候生态条件相似的区域，在 4～5 年之内会有一次丰产年，也会有一次欠产年。

　　作者根据 1991—2004 年湖南省早稻新品种区域试验资料，选择对照品种湘早籼 13，在长沙、衡阳、岳阳、永州、郴州、益阳、湘潭、常德等 8 个试验地点的产量结果，统计不同地点间的平均产量及其标准差，结果如图 7 - 1 所示。从图 7 - 1 可以看出，湘早籼 13 品种 8 个地点的平均产量以 1997 年最高，达到 6.95t/hm²，以

1993 年最低，平均产量为 5.85t/hm²，丰产年比欠产年增产 1.10t/hm²，增幅达到 18.8%，说明产量的年度间差异明显。

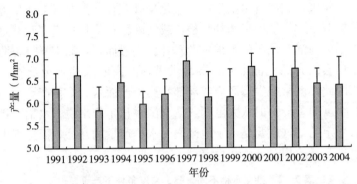

图 7-1 水稻新品种区域试验条件下双季早稻湘早籼 13 产量年间变化

(根据 1991—2004 湖南省水稻新品种区域试验资料整理)

三、遮光处理对产量的影响

与常规水稻产量的年度间变化一致，杂交水稻产量的年度间差异同样是由于年度间气候差异造成的。在没有极端高温（≥36℃）和极端低温（≤20℃）影响杂交水稻开花授粉，导致籽粒结实不良而造成减产损失的条件下，杂交水稻抽穗到成熟期间的光照条件变化，是造成水稻产量年间差异的主要气候因素。作者于 2014—2015 年在长沙进行了不同氮肥、密度条件下的杂交水稻后期遮光处理试验，结果如表 7-2 所示。从表 7-2 可以看出，杂交水稻抽穗期至成熟期遮光 65%～70% 条件下，遮光减产的幅度达到 30.8%～41.2%，并且减产幅度随着施氮量的增加而加大。随着栽插密度的增加，遮光处理产量增加，但遮光减产的幅度以高密植栽培最小。值得指出的是，在遮光条件下施氮处理与不施氮处理间产量差异很小。可见，在低施氮量栽培条件下，小蔸密植栽培有利于稳定和提高水稻产量，减少年度间气候因子变化对水稻产量的影响。

需要指出的是，区域性气候年型的变化对我国水稻总产的影响不大，因为我国水稻生产的覆盖范围广，尽管不同水稻生产存在区域性气候年型的变化，但不同水稻生产区域的气候年型是可以互补的。多年来，湖南省水稻生产一直是早晚互补、南北互补。早晚互补是指双季稻生产中早稻补晚稻，或者晚稻补早稻；南北互补是指湘南稻区与湘北稻区的水稻生产互补。一般而言，湘南干旱，湘北的水稻会因光照充沛丰收；湘北洪涝，湘南的水稻则免受干旱丰收。因此，就某一生态区域或局部水稻生产而言，水稻产量存在较大的年度间差异，但从大范围或从全国水稻生产来说，水稻产量是相对稳定的，这主要是由于地区之间水稻产量的互补，而达到大范围水稻产量的相对平衡和稳定。

表 7-2　杂交水稻不同氮肥、密度条件下产量表现及
遮光减产幅度（2014—2015，长沙）

项目	处理	未遮光产量 （t/hm²）	遮光产量 （t/hm²）	遮光减产幅度 （%）
品种	Y 两优 1 号	9.62a	6.09a	36.5a
	珞优 9348	9.33a	5.73a	37.8a
施氮量 （kg/hm²）	0	8.50b	5.86a	30.8b
	148	9.89a	5.99a	39.4a
	240	10.04a	5.89a	41.2a
密度 （10⁴/hm²）	40.0	9.72a	6.43a	33.6b
	26.5	9.76a	5.83b	39.8a
	14.0	8.95b	5.48c	38.2ab

第三节　杂交水稻施肥增产的潜力

一、施肥增产依赖于基础地力产量

通常用不施肥条件下的水稻产量，代表土壤的基础地力产量，以反映稻田土壤肥力水平。如果需要了解某一地点，或者某一块稻

田的基础地力产量及其对施肥产量的贡献率，可采用相同的品种，按照相同的栽种方法和田间管理方法，在不施肥、施肥两种条件下对比种植。也就是说，除了施肥与否外，其品种、播插期、移栽期、栽插密度、灌溉等栽培管理方法一致，同时还需要严格控制病虫害对水稻生产的影响。以往的研究证明，杂交水稻对于氮肥是否施用，以及施用的多少反应敏感，而对于磷肥、钾肥的施用与否反应不太敏感。生产上以不施氮肥条件下的基础地力产量来反映土壤肥力，即在不施氮肥条件下杂交水稻所吸收的氮素代表土壤的氮素供应量。因此，高产地力稻田水稻基础地力产量高，土壤氮素依存率高，当季施用的氮肥对产量的贡献率反而较低。反之，低产地力稻田水稻基础地力产量低，土壤氮素依存率低，当季施用的氮肥对产量的贡献率相对较高。

选择基因型相同的品种，按照相同的栽培管理方法在同一块稻田种植，以不施氮肥、磷肥、或钾肥条件下的基础地力产量分别代表土壤供氮、供磷和供钾能力。因此，基础地力产量排除了品种的基因型差异和栽培管理方法对产量表现的影响，是种植地点土壤肥力和气候生产力的综合反映。况且，对于水稻基因型相同的品种，在施肥条件下的产量表现显著依赖于基础地力产量。

回归分析结果（图7-2）表明，施氮肥条件下的杂交水稻产量（Y_F，t/hm^2）依赖于不施氮肥条件下的土壤基础地力产量（Y_S，t/hm^2）。其中，在中氮处理（168kg/hm^2）条件下，$y=3.337+0.814x$，决定系数$R^2=0.824$；在高氮处理（225kg/hm^2）条件下，$y=3.094+0.864x$，决定系数$R^2=0.839$。回归模型说明，当基础地力产量每增加1t/hm^{2}时，中氮处理产量增加0.814t/hm^2，比不施氮肥增产3.337t/hm^2；高氮处理产量增加0.864t/hm^2，比不施氮处理增产3.094t/hm^2。4个品种在5个试验地点的平均基础地力产量（不施肥处理产量）为6.93t/hm^2，则中氮处理平均产量为$Y_F=3.337+0.814×6.93=8.98$t/hm^2，高氮处理平均产量为$Y_F=3.094+0.864×6.93=9.08$t/hm^2。

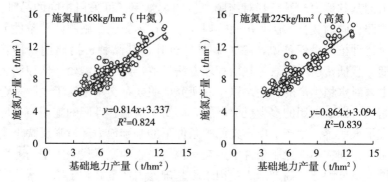

图 7-2 不同试验地点施氮肥产量与基础地力产量的关系（2012—2013）

（地点：长沙、兴义、肇庆、南宁、海口）

二、土壤肥力对产量的贡献大

稻田土壤肥力对产量的影响可以用土壤产量贡献率表示，施肥对产量的影响可以用肥料产量贡献率表示。一般，以不施氮肥处理产量除以施氮肥处理产量表示土壤产量贡献率（土壤贡献率），以施肥处理比不施氮肥处理增加的产量除以施氮肥处理产量表示当季肥料的产量贡献率（肥料贡献率）。通过多地点联合试验发现，不同地点土壤基础地力产量不同，土壤贡献率差异明显（表 7-3），以兴义试验点土壤贡献率最高，4 个品种平均为 84.7%；长沙点和澄迈点次之，4 个品种平均分别为 80.0%和 77.1%；以怀集点贡献率最低，4 个品种平均为 65.1%。土壤产量贡献率高，则肥料贡献率低。如，兴义点平均施肥增产 1.92t/hm²，肥料贡献率为 15.4%，怀集点平均施肥增产 2.44t/hm²，肥料贡献率为 34.9%。

表 7-3 显示，从不同品种类型看，以杂交水稻土壤贡献率大于常规水稻，说明杂交水稻品种比常规水稻品种的吸肥能力强，在不施氮肥条件下杂交水稻比常规水稻平均增产 12.9%，高于施氮肥条件下的增产幅度（≤9.0%）。可见，同一品种在不同种植地点间的土壤贡献率差异较大，同一地点不同品种间的土壤贡献率差异较小。这就为杂交水稻因地定产栽培提供了又一理论依据。

表 7-3 水稻不同氮肥用量条件下产量表现及肥料、土壤产量贡献率（2012—2013）

地点	品种	地力产量（t/hm²）	施肥增产（t/hm²）		肥料贡献率（%）		土壤贡献率（%）	
			N168	N225	N168	N225	N168	N225
南宁	黄华占*	4.85	2.95	2.94	37.8	37.7	62.2	62.3
	玉香油占*	5.13	2.45	2.25	32.3	30.5	67.7	69.5
	两优培九	6.50	1.79	1.92	21.6	22.8	78.4	77.2
	Y优1号	5.67	2.32	2.50	29.0	30.6	71.0	69.4
长沙	黄华占*	7.76	2.05	2.19	20.9	22.0	79.1	78.0
	玉香油占*	6.99	2.01	2.48	22.3	26.2	77.7	73.8
	两优培九	8.49	1.21	1.84	12.5	17.8	87.5	82.2
	Y优1号	8.19	1.71	2.16	17.4	20.9	82.6	79.1
澄迈	黄华占*	6.03	1.85	1.79	23.5	22.9	76.5	77.1
	玉香油占*	6.07	1.63	1.73	21.2	22.2	78.8	77.8
	两优培九	6.42	2.28	1.58	26.2	19.8	73.8	80.3
	Y优1号	6.39	1.97	1.99	23.6	23.7	76.4	76.3
怀集	黄华占*	4.44	2.52	2.67	36.2	37.6	63.8	62.4
	玉香油占*	4.56	2.79	2.28	38.0	33.3	62.0	66.7
	两优培九	4.63	2.03	2.08	30.5	31.0	69.5	69.0
	Y优1号	4.51	2.45	2.70	35.2	37.5	64.8	62.6
兴义	黄华占*	9.51	1.75	1.92	15.5	16.8	84.5	83.3
	玉香油占*	9.81	1.51	1.64	13.3	14.3	86.7	85.7
	两优培九	11.39	1.81	2.15	13.7	15.9	86.3	84.1
	Y优1号	11.37	2.13	2.41	15.8	17.5	84.2	82.5

注：*表示常规水稻品种。

为了探讨双季稻不施氮肥条件下的基础地力产量及土壤贡献率，作者于 2005—2006 年在湖南省长沙县、浏阳市、宁乡县、邵阳县、资阳区等地点进行了双季稻施氮肥与不施氮肥的大田栽培比较试验，结果如表 7-4 所示。无论是在施氮肥或不施氮肥条件下，双季早稻和晚稻产量的地点间差异不明显。早稻平均产量施氮处理为（6.80±0.45）t/hm²，不施氮肥处理为（4.30±0.35）t/hm²，晚稻平均产量施氮处理为（7.31±0.38）t/hm²，不施氮处理为（4.59±0.24）t/hm²。与不施氮肥条件下的基础地力产量比较，早、晚稻施氮肥分别增产2.49t/hm²和2.72t/hm²，基础地力产量对施肥区产量的平均贡献率早稻达到62.75%、晚稻达到63.42%。

表7-4 双季稻不同地点不施氮肥及不同施氮条件下的产量比较（2005—2006）

地点	品种	地力产量（t/hm²）		施氮量（kg/hm²）	施肥区产量（t/hm²）		土壤贡献率（%）
		平均	标准差		平均	标准差	
浏阳	金优974	4.49	0.25	129.8	6.72	0.38	66.8
	威优46	4.83	0.13	99.3	7.69	0.43	62.8
宁乡	湘早籼31*	4.23	0.42	116.0	6.48	0.81	65.2
	湘早籼13*	4.52	0.53	124.7	6.74	0.57	67.0
邵阳	湘早籼31*	3.93	0.29	127.3	7.16	0.09	54.9
	湘晚籼13*	4.01	0.34	134.7	7.04	0.11	56.9
长沙	湘早籼17*	3.83	0.40	126.9	6.91	0.73	55.4
	威优46	4.90	0.34	154.7	7.73	0.75	63.4
资阳	湘早籼31*	4.81	0.23	132.0	6.76	0.12	71.2
	湘晚籼12*	4.61	0.13	145.5	6.78	0.24	67.9

注：*表示常规水稻品种；金优974、湘早籼31、湘早籼13、湘早籼17为早稻品种；威优46、湘晚籼13、湘晚籼12为晚稻品种。

三、杂交水稻产量对氮肥反应敏感

土壤肥力是指土壤的水、肥、气、热，即水分、养分、O₂浓度、温度的综合反应。只有在土壤水、肥、气、热等条件协调时，土壤养分才能对杂交水稻生长发育发挥作用，否则即使土壤养分含量高，也不一定有利于水稻的生长发育。例如，山阴冷浸田，由于地下水位高，土壤透水、透气性差，温度低，土壤有效养分难以发挥作用，在这种情况下，即使增加施氮量，也不能促进水稻的生长发育、增加稻谷产量。

　　与施用磷肥和钾肥比较，水稻对氮肥的反应更为敏感，当季施用氮肥的增产作用更加明显。生产上在确定水稻氮肥用量时，需要明确实现目标产量的需氮量、土壤氮素供应量、当季施用氮肥的吸收利用率等 3 个施肥参数。其中，土壤供氮量的变化范围较大，需要进行田间施氮肥与不施氮肥的对比试验。由于不同杂交水稻品种在同一地点种植的适宜氮肥用量，存在显著的基因型差异，可分为氮素敏感型和氮素弱感型两种类型。弱感型品种的增产潜力大，但氮肥利用率低；敏感型品种的增产潜力小，但氮肥利用率高。

　　试验研究证明，在一定的氮肥用量范围内，杂交水稻产量随氮肥用量和氮吸收量的增加而提高，当超过一定的氮肥用量和氮吸收量时，则随氮肥用量和吸收量的增加而下降，表现出开口向下的抛物线关系。作者根据所查阅的 47 篇国内外文献的 254 组数据，整理成图 7 - 3。

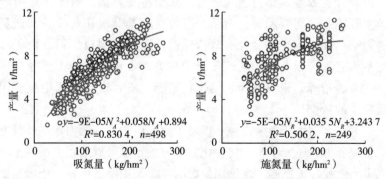

图 7 - 3　水稻氮吸收量、氮肥用量与收割产量的关系
（根据国内外文献报道的 254 组数据整理）

　　从图 7 - 3 可以看出：水稻产量（y，t/hm^2）与氮吸收量（N_A，kg/hm^2）之间存在明显的抛物线关系；水稻产量（y）与施

氮量（N_R）之间存在抛物线关系。水稻施肥具有明显的增产作用，但产量随氮肥用量的增加表现为非线性关系，说明施氮肥增产的潜力是有限的。

从已有的国内外文献报道来看，以中国江苏、浙江及安徽的单季粳稻，施肥增产的幅度可达到 $4.5t/hm^2$ 以上；南方籼稻地区双季早稻或晚稻，一般施肥增产的幅度不超过 $3.0t/hm^2$，一季籼稻施肥增产的幅度在 $4.0t/hm^2$ 以下。施肥增产潜力有限的原因主要是：①施肥产量对基础地力产量的依赖度高，一般达到 $60\%\sim75\%$；②当季水稻所吸收的氮素养分主要来自土壤，一般达到 $60\%\sim80\%$，而只有 $20\%\sim40\%$ 的氮素来自当季水稻所施用的肥料。这就为水稻因地定产栽培提供了又一理论依据。

国际水稻研究所的 Dobermann 等（2003）为了评价灌溉稻生产中土壤供氮能力的有效性，在亚洲 6 个国家 155 个地点的农民田间进行了不施用氮肥（0N）、磷肥（0P）、钾肥（0K）的试验，在不施肥条件下平均稻谷产量依次为：$3.9t/hm^2$（0N）$\leqslant5.1t/hm^2$（0K）$\leqslant5.2t/hm^2$（0P）。有研究指出土壤养分测定对于评价土壤养分有效性、维持土壤肥力是一个重要方法。对于因地力产量推荐施肥，需要明确土壤肥力有效指标及其对作物生长和产量的影响，并根据土壤养分有效指标估计适宜的肥料用量。由于水稻不施肥区产量与施肥区产量密切相关，可作为评价土壤养分供应能力的指标，也可作为水稻优化施肥，或者推荐施肥中氮肥用量确定的依据。

对于水稻生产者来说，不仅要了解稻田的土壤肥力水平及其氮素供应能力，还要了解如何优化施肥方法，以降低水稻生产对土壤肥力的依赖，提高当季所施用氮肥的吸收利用率。可见，土壤基础地力产量是稻田土壤肥力和气候生产力的综合反映，可作为水稻生产目标产量及其施肥指标确定的重要依据。其中，近年推广应用的杂交水稻测苗定量施肥方法和优化施肥方法，可以降低水稻产量对土壤基础地力的依赖、提高肥料利用率。

第四节 杂交水稻目标产量的确定

一、回归模型确定法

土壤基础地力产量是种植地点土壤肥力和气候生产力的综合反映，已作为水稻生产目标产量及其施肥指标确定的重要依据，并在生产中得到广泛应用。

杂交水稻在施氮肥条件下的产量表现，即施氮肥产量（Y_N，t/hm^2）依赖于不施氮肥条件下的基础地力产量（Y_S，t/hm^2），两者表现为直线回归关系，即：

$$Y_N = a + bY_S + \varepsilon$$

式中，a 为回归估测的截距，b 为回归估测的系数，ε 为回归估测的误差。

以作者 2012—2013 年在长沙、兴义、宾阳、怀集、澄迈等 5 地点的水稻氮肥试验为例，将施氮量为 $168kg/hm^2$ 和 $225kg/hm^2$ 两种处理的产量同时与不施氮肥的基础地力产量进行回归分析，得到施氮肥产量（Y_N）依赖于基础地力产量（Y_S）变化的回归模型：

$$Y_N = 3.112 + 0.858Y_S$$

同时，在施氮肥产量基础上，增加 $10\% \sim 20\%$ 的产量幅度作为目标产量与基础地力产量进行回归分析，得到目标产量（Y_T）依赖于基础地力产量（Y_S）变化的回归模型（图 7-4）：若目标产量增产 10%，$Y_{T10\%} = 3.538 + 0.923Y_S$；若目标产量增产 15%，$Y_{T15\%} = 3.698 + 0.956Y_S$；若目标产量增产 20%：$Y_{T20\%} = 3.859 + 1.007Y_S$。

其中，增产幅度 $10\% \sim 20\%$ 假设为回归估计误差（ε）的上限值，因为杂交水稻生产中目标产量的设定要高于一般气候年型条件下的施肥产量。这样，生产者能够在气候欠产年型获得平产年型的产量，在气候平产年型获得丰产年型的产量，在丰产年型获得更高产量，达到超高产栽培的目的。

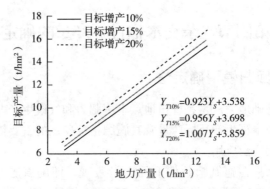

图 7-4　水稻目标产量模型与施肥产量模型的比较

二、区域平均确定法

如果在某一区域，没有基础地力产量的试验记录，或者不了解当地稻田土壤的基础地力产量，则不能采用上述回归模型确定目标产量。水稻产量与种植地区的土壤、光照等自然生产条件，生产者的栽培管理技术水平等因素有关。也就是说，某一区域当年的水稻产量表现与前几年的产量水平有关。对于水稻生产的同一区域（一个县、一个乡、一个村、或一个片），在前 3 年平均产量（Y_M，t/hm²）的基础上，增加 $10\%\sim15\%$ 的产量幅度（$\triangle X$），可作为某一区域水稻高产栽培的目标产量（Y_T，t/hm²），即：

$$Y_T=(1+\triangle X)\times Y_M$$

假设，某年某地双季稻机插秧 66.7hm² 示范片，早稻产量达到 7.90t/hm²，晚稻达到 8.49t/hm²。假定增产幅度为 15%，则次年双季早稻的目标产量为：$Y_T=(1+15\%)\times 7.90=9.09$t/hm²，比 2014 年早稻增产 1.19t/hm²。

双季晚稻的目标产量为：$Y_T=(1+15\%)\times 8.49=9.76$t/hm²，比 2014 年晚稻增产 1.27t/hm²。

三、实现水稻目标产量的思考

只有创造满足水稻生长发育与产量形成的环境条件，才能创造水稻高产典型。但是，这种高产纪录在不同地点，或者同一地点的不同年份间是难以重演的。杂交水稻施肥与不施肥（氮肥）条件下的产量差距，就是栽培因子的增产空间，而杂交水稻栽培因子的增产潜力，决定于不施氮肥条件下的基础地力产量。

由此可见，培肥土壤地力是实现杂交水稻目标产量栽培（即可持续高产栽培）的基础，其次，提高杂交水稻的育秧质量和栽插质量、协调和平衡施用氮肥、加强田间管理等，是实现杂交水稻稳产高产栽培的主要举措。

第八章

杂交水稻移栽（抛栽）及其育秧技术

　　水稻育秧移栽对于延长种植季节、扩大种植范围、控制田间杂草、增强抗倒伏能力、提高肥料养分利用率等具有重要意义。育秧是水稻生产的重要环节，培育壮秧是水稻高产栽培的关键技术。杂交水稻分蘖能力强，壮秧栽插有利于发挥杂交水稻分蘖大穗的增产优势。随着薄膜覆盖、大棚育秧等设施育秧技术的发展和应用，基本上解决了我国北方一季稻育秧及南方双季早稻育秧期间的低温阴雨造成的烂秧问题。水稻育秧方法有湿润育秧、旱育秧、大棚温室育秧等多种方式，其中南方杂交水稻仍以湿润育秧为主。长江流域杂交早稻的适宜播种期为3月下旬，晚稻为6月下旬，一季稻为4月初至5月下旬。适宜栽插密度杂交早稻为 30 穴/m^2 以上，晚稻为 25～30 穴/m^2，一季稻为 20～25 穴/m^2。由于农村劳动力向城镇转移，未来我国水稻生产究竟是以直播为主，还是以机插秧为主还难以预见。

第一节　水稻育秧移栽技术概述

育秧是水稻生产的重要环节，培育壮秧是水稻高产栽培的关键技术。我国水稻育秧及移栽技术历经 2 000 年的发展，积累了丰富的经验。东汉时期发明了水稻育秧，到了南北朝时期，发展绿肥种植，水稻种植面积有所扩大，育秧移栽与直播栽培并重。北魏时期对稻种选用、播种时间、整田方法、种子催芽、种子用量，以及出苗后的田间管理等作了比较详细的记述，其中有关出苗后灌水控草、中耕除草、晒田促根等田间管理方法至今仍被普遍应用。汉晋以后发明了延长秧龄方法（老龄壮秧、寄秧）、拔秧方法（称为秧马）。南宋有"秧苗健壮，在于播种适时、秧田选择得当、用肥合理三者兼顾"，防止烂秧、水浆管理、秧田施肥等技术。到了明朝发明了控水旱育秧的育秧方法，以培育秧龄长的晚稻秧苗。清朝开始的水稻育秧技术也得到了快速发展，形成了水育秧、旱育秧、控水旱育秧等多种育秧方法。水稻育苗移栽，促进了我国南方双季稻生产的发展。从民国至解放初期，农业技术已从经验定性型走向科学量化型。在育秧方法上，早稻、中稻以水育秧为主，晚稻以控水旱育秧技术为主，并推广应用了场地小苗带土移栽、老龄壮秧、寄栽秧等育秧方法。

新中国成立后，为了防止育秧期间的低温阴雨冷害造成烂秧，比较研究了早稻湿润育秧和薄膜育秧，指出只要掌握寒潮规律、合理调节温度、水分、氧气三者间的关系，可避免烂秧。从栽培生理上肯定了湿润育秧的优越性，指出湿润育秧有利于保持种子萌发和幼苗生长的适宜环境条件，培育壮秧。20 世纪 80 年代以后，随着薄膜、无纺布等覆盖材料的应用，生产上常采用保温育秧方法，如薄膜、地膜、无纺布覆盖育秧、大棚温室育秧、工厂化设施育秧等，基本上解决了我国北方一季稻育秧及南方双季早稻育秧期间的低温烂秧问题。水稻育秧及其栽插技术的发展，进一步促进了我国长江流域多熟制水稻（稻—稻、稻—麦、稻—油、稻—稻—油）生产的发展。

第二节　壮秧的标准及对环境条件的要求

一、壮秧的标准

秧苗的类型。根据移栽时的秧龄，可将秧苗分为小苗、中苗和大苗。小苗是指 3 叶期内带土移栽的秧苗。一般采用密播、保温育秧的方式培育，广泛用于抢早移栽或抛栽、两段育秧的第一段秧。中苗是指 3.1～4.5 叶期移栽的秧苗，多用于抢早移栽或抛栽。大苗可分为两类：一类为 4.5～6.5 叶期移栽的秧苗，广泛用于双季早稻和一季晚稻；另一类为 6.5 叶期以上移栽的秧苗，在稀播时可充分利用秧苗低节位分蘖，多用于双季晚稻与推迟栽插的一季稻栽培。

壮秧的形态特征。从壮秧的个体形态看，要求茎基粗扁、叶挺色绿、根多色白、植株矮健。茎基粗扁是评价壮秧的重要指标，俗称壮秧为"扁蒲秧"。茎基较宽的秧苗，其体内维管束数目较多。从壮秧的群体看，要求较高的成秧率（80％以上）与整齐度（脚秧率低于 10％），可使秧苗移栽到大田后生长整齐。

壮秧的生理特性。壮秧的光合作用强，有利于干物质生产与积累，特别是叶鞘内碳水化合物含量高。由于发根主要依靠贮存于叶鞘的养料，所以茎基粗壮的秧苗形成的根原基多，发根力强，根的总长度也长。壮秧的碳/氮比适中，秧苗体内的碳氮比随秧苗的生长而增大，幼苗期以前，光合产物少，且主要用于合成蛋白质，体内淀粉和糖分很少，故碳氮比小。3 叶期以后光合作用逐渐增强，碳水化合物也逐渐增多，此后秧苗体内碳水化合物和含氮物质的多少，影响到发根力和秧苗的嫩壮及植伤的大小。一般含氮量愈高，其发根力也愈强，但秧苗幼嫩，抵抗低温、高温等不良环境能力较弱；而淀粉和蔗糖等碳水化合物含量多的，则壮秧栽插植伤轻，抗逆性较强，但发根力较弱。不同秧苗的碳氮比不同，一般早稻中苗（叶龄 2.9～4.1）碳氮比为 7～9；大苗（叶龄 5.5～6.7）碳氮比为 11～14；晚稻插秧时遇高温，要培育碳氮比达到 20 以上的老壮秧。

从表 8-1 可以看出，秧苗素质与育秧方式有关，其中小苗秧以旱育秧方式较好，大苗秧以湿润育秧方式较好，软盘育秧的抛栽秧和设施育秧的机插秧的秧苗素质不如湿润育秧和旱育秧的手插秧，可能还与播种量有关。

表 8-1 杂交水稻采用不同育秧方式的秧苗素质比较

育秧方式	移栽方式	叶龄	苗高 （cm）	茎叶干重 （mg／株）	总根数 （No.／株）	基茎宽 （mm）
湿润育秧	湿润秧洗根手插	3.7～4.1	16～17	41～45	11～12	24～27
		6.5～6.7	20～24	40～45	12～14	48～53
旱育秧	旱育秧带土手插	3.5～4.1	13～16	41～46	15～16	31～43
		5.5～6.1	18～20	50～53	15～17	43～48
软盘育秧	塑盘秧带土抛栽	2.9～3.3	10～12	14～18	12～13	22～26
		3.1～3.5	17～20	20～23	13～14	29～31
设施育秧	毯状秧带土机插	2.9～3.1	12～14	11～12	8～9	12～20
		3.3～3.7	14～16	18～22	16～18	18～20

二、幼苗生长的环境条件

水分。水稻种子萌发吸水过程可分为三个阶段：第一阶段是急剧吸水的物理学吸胀过程，这一阶段吸收了露白所需吸收水分的 1/2 以上；第二阶段是缓慢的生化吸水过程；第三阶段是大量吸水的新生器官生长过程。水稻种子的吸水速度与温度有密切关系，在低于 30℃ 的温度范围内，温度越高种子吸收水分越快。稻种的吸水速度还与品种类型有关，籼稻、杂交籼稻种子吸水快。在同一类型的水稻品种中，谷壳薄的吸水快，谷壳厚的吸水慢。

温度。稻种发芽的最低温度为 12℃。稻种萌发的最适温度一般为 28～36℃。杂交水稻出苗及幼苗生长的下限温度为日平均温度 14℃。日平均温度高于 16℃，出苗及生长均较顺利。杂交水稻发芽期忍耐短时间低温的能力较强，出苗后至 2.5 叶期前短时间日最低气温降至 5～6℃，秧苗不会明显受冷害；3 叶期后，抗寒力下降，日最低气温低于 6～8℃，秧苗会受到冷害。长期低温（日均气温低于 12℃）会造成病原菌的侵入，引起烂秧死苗。

氧气。在水稻种子萌发与幼苗生长的过程中对氧气的需求情况，可分为两个阶段：露白前，由于谷壳、果皮和种皮的阻隔，外界的氧气不易进入，胚的生长主要依靠无氧呼吸酒精发酵途径提供能量，其生长与氧气条件关系不大；露白后，胚芽与外界气体接触，转为有氧呼吸为主，这时氧气条件对根、芽的生长有明显影响。在缺氧条件下，水稻的幼苗进行无氧呼吸，胚乳物质转化效率降低、器官建成畸形、秧苗的抗逆能力下降。缺氧条件还会使胚乳淀粉酶的活性下降，阻碍淀粉水解，影响对幼苗的养分供应，从而削弱幼苗的抗性。

氮素营养。水稻糙米的含氮率一般不超过 1.7%，而 3 叶期的秧苗含氮量一般为 3%～5%，可见水稻幼苗期的生长必须有外界的氮素供应。幼苗期外界的氮素供应对胚乳消耗和幼苗生长均有明显影响。土壤氮素营养供应充足，幼苗吸收的氮素多，胚乳消耗快，幼苗干重增长也快，秧苗生长健壮。

第三节 播种期、播种量及秧龄的确定

一、播种期的确定

播种期的确定通常要考虑气候条件、品种生育期和前后茬作物的关系等因素，做到适时播种和播种期、移栽期、秧龄三对口。长江流域双季早稻的适宜播种期为3月下旬，晚稻为6月下旬，一季稻为4月初至5月下旬。

杂交早稻早播的界限期要根据发芽出苗对温度的要求确定。当日平均温度稳定通过12℃以上，抢冷尾暖头播种。长江流域早稻早播的界限日期为3月20日以后。

早稻还要考虑能适时移栽，安全孕穗。水稻安全移栽的温度指标为日平均温度在15℃以上。移栽过早，则会推迟返青，甚至导致死苗或僵苗。

杂交晚稻迟播界限期是要保证安全齐穗。杂交水稻安全抽穗的温度指标为连续3d日平均温度在22℃以上。一般以日平均温度稳定通过22℃的终日，作为安全齐穗期。根据杂交水稻品种从播种到齐穗的日数及秧龄弹性，向前推算出该品种的迟播界限日期。长江流域晚稻迟播的界限日期为6月25日以前。

需要指出的是近年长江流域的天气常常是3月中下旬气温较高，3月底至4月上旬气温较低，生产上将早稻播种期提前到3月中旬，甚至3月上旬，连年造成比较严重的低温烂秧。早稻不要早播的原因有三：①早稻不同于中稻、晚稻，由于苗期低温的影响，早播不等于早熟，每年在7月10~15日才开始收割早稻；②水稻安全移栽要求日均温15℃以上，早播的秧苗不一定能按时栽插，因为根系生长的温度要求日均温14℃以上，低温期间插秧容易烂秧死苗；③早播的秧苗常常在3月下旬进入断奶期，容易遭遇低温阴雨，甚至强寒流的影响，造成黄枯、青枯、烂秧、死苗。

二、播种量的确定

播种量对秧苗素质的影响，随着秧龄的延长而增大，秧龄期越长，秧苗个体受抑制程度越大。所以，秧龄越长越要注意稀播。适宜播种量的标准，以掌握移栽前不出现秧苗群体因光照不足而影响个体生长为原则。播种量的确定也和育秧季节温度高低有关，高温季节的秧苗生长快，群体发展迅速，个体受抑制时间早。

播种量还因育秧方式不同而有差别。早栽的小苗秧或中苗秧，播种量可增大，而长秧龄大秧则播种量相应减少。适宜播种量可根据大田用种量和秧田面积确定。如，杂交早稻大田用种量为 $22.5kg/hm^2$，每公顷大田的旱育秧的秧田净面积约 $300m^2$，秧田播种量约 $77g/m^2$。如果采用湿润育秧，每公顷大田的秧田净面积约 $750m^2$，秧田播种量约 $30g/m^2$。

三、秧龄的确定

秧龄一般用播种到拔秧的日数来表示，但由于不同播期所处的温、光条件各异，在秧田相同日数的秧苗，其生育进程并不相同，因而常不能反映秧苗的实际生理年龄。同一品种在正常栽培条件下的主茎叶片数相对稳定，应同时参考叶龄作为适宜秧龄指标。

壮秧要求适龄移栽。秧龄过长，秧苗过老，妨碍早发，导致早穗，降低产量。秧龄的长短最好用秧苗叶龄作指标。从高产出发，要求移栽到大田后，再长出 3 片以上新叶才开始幼穗分化，而幼穗开始分化后还将有 3.5 片新叶同时生长，最迟移栽的叶龄为品种主茎叶片数减去 6.5～7.5 片叶或 7 片以上的叶片数，例如，13 片叶的品种，其最迟移栽叶龄为 6～6.5 叶期。

第四节 种子处理及浸种催芽

一、种子处理

晒种。晒种增强种皮透性，促进酶的活性，增进胚的活力，从而提高发芽率和发芽势。晒种时间晴天 1～2d 即可，要薄摊勤翻，防止谷壳破裂。

选种。通过选种使种子纯净饱满，发芽整齐。选种可用风选、筛选或溶液选种。溶液一般用黄泥水、盐水，溶液密度为 1.05～1.10g/cm³，或者溶液能上浮半个鸡蛋。通过密度选种后，用清水冲洗干净。杂交水稻种子饱满度差，一般用清水选种。

种子包衣。水稻种衣剂是采用复合成膜缓释技术，选用广谱、高效、低毒、内吸性杀虫剂和杀菌剂及生长调节剂等精制而成。种子包衣剂产品的各组成成分粒径小、比表面积和表面自由能很大，可以牢固地黏附在种子表面，遇水能在种子表面自动成膜，活性成分持效期长；其生产工艺简单，但活性成分含量高。

种衣剂能明显促进种子萌发，提高出苗率，提高根系活力，增加叶绿素含量，增强秧苗的抗逆境能力。种衣剂产品既可手工包衣也可机械包衣，包衣后的种子能按常规法浸种催芽，秧苗期不需要再用药防治病虫害。目前，在杂交水稻生产上应用的有苗博士、适乐时等悬浮型，以及作者团队新研制的超微粉型种衣剂。

二、浸种催芽方法

（1）浸种。浸种是使种谷较快地吸足达到正常发芽的含水量（35%左右），促进发芽整齐。达到稻种萌发要求的适宜水分所需的吸水时间，水温30℃时约需30h，水温20℃时约需60h。浸种时间不宜过长，以免种子养分外溢，且易缺氧窒息，造成酒精发酵，反而减低发芽率和抗寒性。杂交水稻种子不饱满，发芽势低，采用间歇浸种或热水浸种的方法，以提高发芽势和发芽率，一般浸种24h可吸足发芽所需要的水分。

（2）消毒。水稻多种病害均通过种子带菌传播，浸种前用苗博士、适乐时、咯菌腈等悬浮种衣剂包衣种子，或采用咪鲜胺溶液浸种消毒，防治种传病害。消毒可与浸种结合进行，种子经过消毒，如已吸足水分，可不再浸种；吸水不足时，应换清水继续浸种。凡用药剂消毒的稻种，都要用清水冲洗干净后再催芽，以免影响发芽。

如果采用浸种型种衣剂进行种子包衣，既可免去种子消毒，又可防治苗期病虫害。一般采用种衣剂包衣，播种后25～30d不需施用化学农药进行病虫害防治。

（3）催芽过程。催芽过程可分为四个阶段：①高温露白。种谷露白前，呼吸作用弱，温度偏低是主要矛盾。可先将种谷在50～55℃温水中预热5～10min，再起水沥干，上堆密封保温，保持谷堆温度35～38℃，15～18h后开始露白。②适温催根。种谷破胸露白后，呼吸作用大增，产生大量热能，使谷堆温度迅速上升，如超过42℃，持续时间3～4h以上，就会出现"高温烧芽"。露白后要经常翻堆散热，并淋温水，保持谷堆温度30～35℃，促进齐根。③保湿促芽。根据"干长根、湿长芽"的原理，适当淋浇25℃左右温水，保持谷堆湿润，促进幼芽生长。同时仍要注意翻堆散热保持适温，可把大堆分小摊薄。④摊凉锻炼。根芽长度达到预期要求，催芽即结束。播种前把芽谷在室内薄层摊放1d左右，以增强芽谷播后对环境的适应性。遇低温寒潮不能播种时，可延长将芽谷摊放薄层的时间，结合洒水，防止芽、根失水干枯，待天气转好时，抢晴天播种。

双季晚稻播种时气温高，种谷经浸种消毒后，放置室内1～2d便自然发芽，或采用日浸夜露2～3d亦可发芽。

第五节　育秧方式及技术要点

杂交水稻的栽插方式有手插秧、机插秧、抛秧或丢秧，其育秧方法也多种多样，根据整地方法和土壤水分状况的不同，可分为湿润育秧、旱育秧、小苗带土育秧、工厂化设施育秧。为了防止育秧期间的低温阴雨冷害造成烂秧，生产上常采用保温覆盖育秧，如薄膜育秧、无纺布育秧、大棚育秧、工厂化育秧。

一、湿润育秧

秧田选择和整地。秧田应选排灌方便、土质松软、肥力较高、杂草少和无病源的田块。秧田干耕、干整，先开沟作畦，秧畦宽140～150cm。沟宽约20cm，沟深15cm左右。秧畦面达到"上糊下松、沟深面平、肥足草净、软硬适中"的要求，这样的秧田通气性好，透水性强，有利根系生长，育成壮秧。

秧田施肥。秧田要施足底肥并精细播种。早、中稻秧田一般施用腐熟优质厩肥或人粪尿 $10 \sim 12t/hm^2$，硫酸铵或碳酸氢铵 $225kg/hm^2$，过磷酸钙 $450kg/hm^2$，氯化钾 $150kg/hm^2$，结合耕地时施用，过磷酸钙和氯化钾肥在整地前施下。晚稻育秧期间气温高，可少施或不施用基肥。同时注意播种质量，分畦定量播种，播后泥浆踏谷。

秧田期管理。从播种到第一完全叶展开前为出苗期。出苗期秧苗耐低温能力较强，供氧好坏是影响扎根立苗的关键。采用"晴天满沟水、阴天半沟水、雨天排干水、烈日跑马水"的灌水技术，保持秧床土壤湿润和供氧充足。如出现霜冻、大风、暴雨等特殊天气，应暂时灌水护芽，风雨过后再排水晒芽。

幼苗期秧苗通气组织尚未健全，根系生长所需氧气主要依靠空气直接供应，故要采取露田与浅水灌溉相结合的灌水方法，2叶期前露田为主，2叶期后以浅水灌溉为主。早稻、中稻秧苗如遇寒潮低温，则应深水灌溉护苗，低温过后逐步排浅水层，以免造成秧苗生理失水，导致青枯死苗。3 叶期幼苗由异养转入自养，关键在于尽早补充营养（早施断奶肥）。秧苗在利用氮素过程中，即施氮被秧苗吸收的同时，需要相应地消耗糖类（酮酸、烯酸），使得叶鞘内贮藏的淀粉减少，表现出"得氮耗糖"现象。施氮后，随着叶色变浓和叶面积增大，光合效率提高，光合产物相应增加，随后又表现出"得氮增糖"现象。及时施用断奶肥能使 3 叶期处于增氮、糖的时期，为 4 叶期长粗提供物质基础。

成苗期是指 3 叶期以后到移栽。秧苗体内通气组织已发育健全，根部氧的供应可以由地上部下运，同时水层灌溉有利于秧苗吸水、吸肥，因此 3 叶期后稀播大秧应采用浅水灌溉，防秧根下扎，拔秧困难。带土秧苗仍要保持土壤湿润，不留水层，以水控苗，防止徒长。移栽前再施一次起身肥，使秧苗吸收氮素转色，增加氮素且仍有贮糖时移栽，使秧苗体内碳氮水平较高，有利移栽后发根分蘖。

地（薄）膜有显著的增温保温效果。大多应用于早播早插的早稻生产。盖膜方式分为搭拱形架覆盖和平铺覆盖两种。搭拱形架覆盖，膜内温度湿度均匀，秧苗生长整齐，覆盖时间长。

盖膜后秧苗管理可分三个时期：①密封期。从播种到 1 叶 1 心期，要密封保温，创造一个高温高湿环境，促使芽谷扎根立苗。膜内适宜温度为 30～35℃，如超过 35℃，则两端暂时揭膜通风降温。密封期只在沟中灌水，水不上秧床。②炼苗期。从 1 叶 1 心到 2 叶 1 心期，膜内适宜温度为 25～30℃，温度过高要通风炼苗，以防秧苗徒长。一般晴天上午在膜内温度接近适温，气温在 15℃以上，便可逐日扩大通风面积，逐日延长通风时间炼苗，使秧苗逐渐适应外界自然条件。通风时要先灌水上秧床，避免水分失去平衡而死苗，下午气温转凉时重新盖膜保温。③揭膜期。3 叶期以后当日平均气温稳定在 15℃左右，日最低气温在 10℃以上时，便可揭膜。一般选择气温较高的阴天或晴天上午将膜完全揭去，揭膜前先灌深水，揭膜后即按一般湿润秧田管理。

二、旱育秧

秧床选择。选背风、向阳、地下水位低、通气透水性好、水源充足且排水方便的田地。在播种量相同的条件下，一般小苗移栽的苗床大田比为 1∶（40～50）；中苗移栽的苗床大田比为 1∶（25～40）；大苗移栽的苗床大田比为 1∶（15～25）。

秧床培肥。冬前培肥以每平方米 2～3kg 家畜粪或优质粪水10kg，加 0.2～0.25kg 过磷酸钙，分 2～3 次施入，农家肥、化肥、土壤充分混合均匀，再浇足水分或加盖地膜。春季培肥以施用腐熟的有机肥为主，补充冬前培肥中秸秆用量的不足。

整地作床。结合整地作床，在播种前施用水稻壮秧剂，即集消毒剂、调酸剂、营养剂、化控剂、除草剂于一体的新型育秧制剂。

播种。一般 3.5 片叶的小苗，旱育秧常规水稻种子每平方米播种量 200～250g，4.5 片叶的中苗播种量为 150～200g，杂交水稻种子小苗和中苗播种量则分别为 50～60g、35～40g。播种前秧床要灌透水，播种要均匀。播种后用平板轻压种子入土，盖一层0.5cm 的过筛干细土，盖土后喷水湿透，用 12％丁草胺和 10％的恶草灵混配的丁·恶合剂喷施。

秧苗期管理。旱育秧苗期管理方法是：①盖膜保温，防止烂种烂秧。若膜内温度超过 35℃，要及时通风降温，一般不浇水，若表土干燥发白，可补浇少量水。②水分管理。床土不缺水则不浇水，若秧床土壤缺水，可在早晨或傍晚浇水，保持床土不干不湿。③施肥。栽插小苗的，2.1 叶期追施断奶肥一次；栽插中苗的，在 2.1 叶期和移栽前 5～6d 分别追施一次肥。④病虫防治。做好立枯病防治，同时注意防治稻飞虱、螟虫、稻瘟病等病虫害。

三、软盘育秧（抛秧）

苗床准备。软盘湿润育秧是将常规的水田湿润育秧技术与软盘的应用结合起来，育秧技术与常规湿润育秧相类似，但因有软盘孔穴分隔，便于分苗抛栽。按湿润育秧方法，将秧床耙烂耙平、开沟整板、整平推光、露干沉实，一般秧床宽以两片秧盘竖放的宽度为宜。

选择土质松软肥沃、靠近水源的旱地或菜地作为苗床，按每667m² 大田需苗床 8～10m²，做成宽130cm 左右的畦，秧畦与秧畦之间留 40cm 宽的沟。摆盘前要将床面压平压实，最好铺一层泥土，以便于秧盘与苗床接触紧密。

一般塑料软盘为 434 孔和 353 孔的塑盘育苗，可提高秧苗素质，抛栽时直立苗增加，有利于促进秧苗的扎根立苗、叶面积扩展、干物质积累、单位面积穗数增多、每穗粒数增加及产量的提高。一般要求用于育苗的塑料软盘数量：434 孔，每 667m² 大田需用塑盘 46～55 张；353 孔，每 667m² 大田需用塑盘 55～60 张。

无论是软盘湿润育秧，还是软盘旱育秧，秧床施肥最好是施用集营养、杀菌、调酸、化学调控于一体的多功能壮秧营养剂，以防止烂秧、提高秧苗素质。

秧龄。抛秧稻的秧龄一般以 5 叶以内的中小苗为佳，秧龄在20～30d。对于中、晚稻推迟抛栽的长秧龄大苗，应注意控制苗高，具体技术：一是控水，通过控水可有效控制苗高，使秧苗敦实粗壮；二是用 100～120mg/kg 的烯效唑溶液浸种 12h，或在苗期用 250～300mg/kg 的多效唑溶液喷施，可防止秧苗徒长、控制苗高。

播种。播种量以移栽前不出现分蘖死亡现象为宜。杂交水稻小、中苗（5 叶内）的播种量为 30～35g/m²，大苗（5 叶以上）的播种量为 25～30g/m²。播种后用营养土或肥沃细土均匀覆盖芽谷，苗床均要做好保湿覆盖或遮阴覆盖，以及预防鼠、雀危害等。

苗期管理。苗期管理技术与常规湿润育秧基本一致，如湿润炼苗、施"断奶肥"及"送嫁肥"、带药下田等，以免灌水或雨水淹浸床面，造成秧苗根系相互交织而影响抛秧。

化学调控。目前育秧最常用的化学调控剂是壮秧剂和多效唑。使用方法：①盘底撒施。每张塑盘施壮秧剂 15g 与适量干细泥拌匀后撒施在整好的秧畦上，再摆盘播种。②塑盘孔穴施。每张塑盘施壮秧剂 10g 与适量的干细泥或泥浆拌匀后撒施，或灌满秧盘再播种。

第六节 移栽（抛栽）技术

一、手工插秧技术

插秧，指将秧苗栽插于水田中，或指把秧苗从秧田移植到稻田。水稻秧苗比较密，不利于中后期生长（图8-1），经过移植，让水稻有更大的生长空间。

图8-1 采用湿润育秧方式（左）和旱育秧方式（右）培育的秧苗

在适期早插的基础上，注意提高移栽质量。插秧要做到浅、匀、直、稳。浅，即浅插，能促进分蘖节位降低，早生快发。匀，是指行株距规格要均匀，每穴的苗数要匀，栽插的深浅要匀。直、稳，是指要注意栽直，既栽得浅又要求栽得稳，不浮秧。耕作层浅的田栽插"浑水秧"。栽后保持适当深水，减少叶面蒸腾，有利于早返青。

杂交水稻插植方式主要为宽行窄株的条栽方式（图8-2），或宽窄行条栽（图8-3）。后者有利于改善田间通风透光条件，增加植株有效受光量，提高光合生产率，有利于改善田间小气候、扩大温差、降低湿度、减少病虫害的发生。一般东西行向比南北行向群体受光多，因此早稻以东西行向为好；而南北行向有利于通风降温，中晚稻可采用南北行向。

图 8-2　采用宽行窄株条栽方式栽插的秧苗

图 8-3　采用宽窄行条栽方式栽插的秧苗（左）及中期田间管理（右）示范

　　杂交水稻株行距的配比与株高（泥面至穗顶的距离）或秆高（泥面至穗茎节的距离）有关，其中行距=0.31×秆高（cm）；株距=0.19×秆高（cm）。一般双季早稻株高 90cm 以下品种，栽插密度 30 穴/m² 以上；双季晚稻株高 90~100cm 品种，栽插密度 25~30 穴/m²；一季稻株高 100~120cm 品种，栽插密度 20~25 穴/m²。

二、手工抛栽技术

　　生产上常用的蜂窝式薄型压塑软盘育秧，简称软盘秧（图 8-4、图 8-5）。由于受蜂窝式钵体小的限制，秧苗生长与常规育秧的秧苗相比，其叶龄进程稍缓，秧苗高度一般比常规育秧小，单株绿叶数和茎基宽较小；根的生长呈卷团状，单株总根数比常规苗少，但均为白根，且无黄、褐、黑根，根系活力高。

图8-4　秧盘装泥浆（左）和播种后覆盖薄膜或无纺布（右）

图8-5　杂交早稻（左）和杂交晚稻（右）软盘秧苗

　　大田准备。抛秧稻高产、稳产的关键是整地质量，要求达到"平、浅、烂"的标准。"平"是指田块表面平整。抛栽秧苗不同于手栽秧苗，对大田的平整程度要求更高，应控制整块田高低差异在3cm以内。"浅"是指大田灌溉水层应浅。耙田时水浅，不但易于整平，而且对于沙性土还可在耙田后田面烂糊时抛栽，不必因撤水浪费肥水。"烂"是指耙平后土壤糊烂有糊泥。田面土壤糊烂，抛栽秧苗入土较深，直立秧苗比例高，立苗快；反之如果田面土壤偏硬，秧苗根系不易入土或入土太浅，导致较多根系及分蘖节裸露在地面，直立秧苗的比例低，立苗慢，后期易发生根倒伏。

抛秧方法。抛秧要求改撒抛（甩秧）为点抛（丢秧），以保证抛栽秧苗的均匀度（图 8-6）。为防止高温烈日对秧苗的灼伤，利于缓苗，抛栽最好选择阴天或晴天午后作业。双季晚稻，应在下午4 点以后进行抛栽。抛秧时人在人行道中操作，采取抛物线方位用力向空中高抛 3～4m，以土坨入土深度达 1～2cm 为佳，若秧苗入土浅，平躺苗多，则应增加抛散高度。抛秧时，每次抓秧不能过多或过少，以免抛撒不匀。遇风时，多采用顶风抛秧。如果采用抛撒，注意先抛远后抛近，先稀后密，第一次作业先将计划抛秧量的2/3 抛入田中。抛完 2/3 后，每隔 3～4m，清出一条宽 30cm 的走道，用作挖田沟或作管理行。然后将剩下的 1/3 秧苗进行第 2 次抛秧，主要用于补稀、补缺、补边角。最后将留下的少部分秧苗，一厢一厢进行查补，力求分布均匀。

图 8-6　手工抛秧示范

三、免耕抛秧栽培技术

早稻免耕抛秧。在早稻抛秧前 10～15d 灌深水浸泡除草，水深以淹没稻桩为好，早稻浸泡稻田 7～10d 后待水层自然落干或排浅水后于抛秧前 1～2d 施基肥后抛秧（图 8-7）。

晚稻免耕抛秧。早稻收割时要低割稻桩，稻桩最高不能超过10cm，并将稻秆搬离稻田。季节允许的地方，早稻收割后可灌水促进再生稻及落粒谷长出后，再喷施除草剂，季节紧的地方可在早稻收割当天喷施除草剂，均匀喷洒于稻桩和杂草，注意不能漏喷（图8-8）。

免耕田抛秧要求做到均匀，保证密度。如果前作水稻是人工收割的低茬田，可以采用抛秧，如果前作水稻是机械收割的高茬田，要求改抛秧为点抛秧，或者丢秧。

图8-7 杂交早稻免耕抛秧示范

图8-8 杂交晚稻免耕抛秧示范

第九章

杂交水稻设施育秧及大苗机插栽培技术

　　机械插秧是杂交水稻机械化生产全过程的重要组成部分和关键环节。机械插秧对于降低杂交水稻劳动强度、提高劳动生产效率、降低生产成本、提高操作质量具有重要意义。一般一台移动式插秧机每小时可栽插 0.15～0.20hm², 相当于 15～20人的移栽面积, 一台高速插秧机相当于 50 人的移栽面积。机械栽插可采用"宽行窄株"的种植方式, 同时, 机械移栽可以调节栽插的深度, 提高中后期植株的抗倒伏能力。但是, 机插秧也存在用种量大、秧龄期短、秧苗素质差等问题, 加之小苗机插容易损伤秧苗, 插秧后返青活苗慢, 不能满足中国南方杂交水稻生产, 尤其是双季稻杂交水稻生产的需要。可喜的是, 近年来, 杂交水稻机械插秧在降低种子用量、延长秧龄、提高秧苗素质等方面取得了很大进展, 尤其是在精准定位播种、肥水分层无盘育秧、大苗机插等方面具有重要创新。目前, 机械插秧已不仅在中国北方常规水稻生产中广泛应用, 在中国南方杂交水稻生产中也开始应用。

第一节　水稻机插栽培技术概述

机械栽插与手工栽插的育秧方式不同，需要农艺与农机的高度融合。不论采用哪种方式育秧，所培育的秧苗必须适合机械栽插。机械栽插秧苗是指采用双膜育秧或软、硬盘育秧方法所培育的带土毯状秧苗，由插秧机对带土的秧苗切块，即取秧，以实现手插秧时的分秧、插秧，包括规范化育秧、精细整地、机械化插秧等过程。

机械栽插是水稻全程机械化生产的关键环节，它对减轻劳动强度、提高劳动生产效率、降低生产成本、改进作业质量、发展水稻生产具有重要意义。同时，机插秧能实现宽行、窄株、定穴、定苗栽插，并且机插秧有序，能充分利用光能，插植深度适中，中后期抗倒性好。目前，水稻机插栽培技术在日本和韩国应用面积较大，近年在我国黑龙江、吉林、辽宁、江苏、浙江、安徽、湖北等省得到快速发展。

机械插秧的方式有小苗、中苗、大苗等带土机插方式，要求做到以下五点：①行道要直，接行宽窄一致。②田边要留一行插幅，便于插秧机出入稻田，插后整齐，不用补插边行。③秧盘接口要整齐，减少漏插。④秧苗水分少时，要在秧箱中加水保持下滑顺利，防止漏插。⑤漏插秧的行段，注意补苗，减少漏插秧、漂浮秧和受伤秧，一般漏插秧率控制在5%以下。

机械插秧是采用秧盘育秧技术或简易规格化育秧技术培育秧苗。秧苗标准包括：①叶龄和株高。小苗2~3叶，株高8~12cm；中苗3.1~4.0叶，株高13~18cm；大苗4.1~4.5叶，株高20~25cm。②边角整齐，分布均匀。小苗每平方厘米3.5~4.5株，中苗1.8~2.5株，大苗1.2~1.7株。③根系发达，秧盘呈毡状、不散盘。④抗逆性强，植株粗壮，叶片挺拔，发根力强，抗损伤。⑤秧苗湿度适中，秧块不过湿、不过干。土壤过湿，机械振动会引起秧块变形,下滑受阻,造成漏插;土壤过干,机械分秧困难,易使秧苗损坏。

随着农业机械化的加快和作物生产规模的扩大,机插栽培在水稻生产中的应用越来越广泛,但采用常规机插栽培方法种植水稻,特别是杂交水稻存在一些困难,如种子用量大、秧龄期短、秧苗质量差、双季稻品种生育期不配套等。湖南农业大学及其合作单位提出采用机插秧栽培技术,即杂交水稻单本密植大苗机插栽培技术,包括精确播种、种子包衣、旱式育秧、大苗机插等核心技术,以及因地定产、推荐施肥等配套技术的应用。与传统机插栽培技术比较,该技术种子用量降低50%以上,秧龄延长10～15d,秧苗质量大幅提高,成功地解决了杂交水稻机插秧栽培种子用量大、秧龄期短、秧苗素质差等技术难题,突破了双季杂交水稻机插秧栽培的技术瓶颈,2019年被农业农村部选定为农业主推技术,2020年被科学技术部选定为十三五期间农业重大创新技术,已在湖南及周边稻区较大面积得以推广应用,并得到了用户的高度认可,为杂交水稻的规模化、机械化生产提供了实用技术。

第二节　杂交水稻机插栽培的育秧技术

适合机械栽插的育秧方式有多种,按照育秧设施,可分为露地育秧、小拱棚育秧、大棚育秧、工厂化育秧;按照秧苗成块方式,可分为无盘育秧、软盘育秧、硬盘育秧;按照秧苗管理方式,可分为湿润育秧、旱育秧、前湿润后干旱式育秧;按照取营养土的方式,可分为泥浆育秧、旱土育秧、基质育秧。但是,哪一种育秧方式都需要进行种子精选、包衣处理和精准播种。

一、种子处理及精准播种

种子精选。在商品杂交水稻种子精选的基础上,应用光电比色对商品种子再次进行精选，以去除发霉变色的种子、稻米及杂物等，精选高活力的种子。生产上精选杂交水稻种子的大田用量，一般每 667m² 早稻约 1 300g、晚稻约 900g、一季稻 600g 左右。如果杂交水稻种子不经过光电比色精选，每 667m² 大田种子的用量早稻约 1 500g、晚稻约 1 100g、一季稻 800g 左右。

种子包衣处理。应用商品水稻种衣剂，或者采用种子引发剂、杀菌剂、杀虫剂及成膜剂等配制的种衣剂进行种子包衣处理，以防除种子病菌和苗期病虫危害，提高发芽种子的成苗率。经包衣处理后的杂交水稻种子，一般播种至插秧期间，秧田期不需要再次进行病虫害防治。

精准定位播种。应用杂交水稻印刷播种机或者手工播种器，早稻定位播种 2 粒、晚稻和一季稻定位播种 1～2 粒。种子定位播种在纸张上，用可降解的淀粉胶黏合剂固定。播种好的纸张可上流水线，即在播种机上自动装填基质、摆放纸张、覆盖基质、浇水浸泡等流水线作业，此方法适用于大棚育秧或场地育秧。

二、大棚旱土、基质育秧技术

在种子精选、包衣处理和精准定位播种的基础上，旱育秧适用于具有喷水设施的大棚、工厂化育秧，是可应用软盘、硬盘装填育秧基质或营养土的旱式管理育秧方式。

营养土准备。菜园土、耕作熟化的旱土、冬前耕翻的稻田土等适合用作机插水稻育秧的床土。土壤在冬前取回，自然条件下风干干燥，粉碎过筛，作为床土备用。床土培肥可采用有机肥与无机肥相结合的培肥方法，取土过筛进行堆制，并覆盖遮雨，以防养分淋失、便于播种时床土铺设的操作。

苗床准备。机械栽插育秧的苗床应相对集中，选择水源条件好及便于操作管理的田块作秧田。秧田与大田之比约 1∶100 配置，每 667m² 大田备足秧床 3～5m²。秧田整地可采用干耕干整，或者水耕水整，在播种前 3～5d 整地，整地时每 667m² 施 45％复合肥 40kg，当秧床沉实后摆放秧盘备用。

铺放播种纸张。播种纸可用于流水线育秧，即在流水线播种机上关闭播种斗，装支架安放播种纸，自动装填基质、自动铺放播种纸张、覆盖基质、喷水浸泡等流水线作业，再将硬（软）盘摆放到育秧场地。

秧田期管理。①揭膜炼苗。覆盖时间一般2～3d，揭膜时间掌握在当秧苗出苗时进行，揭膜后应及时补1次水。②科学管水。掌握湿润，出苗至3叶前以湿润为主，秧沟内晴天保持满沟水，阴天留半沟水，雨天排干水。③因苗追肥。机插育秧在2叶1心期适量追施断奶肥。④预防病虫。秧田期病虫主要有稻飞虱、稻蓟马、恶苗病、立枯病、苗期稻瘟病等，其中早稻、中稻主要预防病害，一季稻、双季晚稻主要预防虫害。

三、稻田泥浆育秧技术

稻田泥浆育秧简便易行，适用于南方机械栽插水稻育秧，可用软盘、硬盘装填泥浆的湿润播种、干旱管理的育秧方式。

秧田准备。选择排灌方便，交通便捷，土壤肥沃，没有杂草等田块作秧田。播种前15d左右将秧田耕整1次，播种前3～4d整耕耙平，每667m² 撒施45％复合肥40kg。秧厢宽约140cm、沟宽50cm，开沟做厢。以秧床中间为准，从田块两头用细绳牵直，四盘竖摆，中间两盘对准细绳，秧盘之间不留缝隙；把沟中泥浆掏入盘中，剔除硬块、碎石、禾蔸、杂草等，盘内泥浆厚度保持2.0～2.5cm，抹平待用（最好用机器研磨后装盘省工高效）。对于早稻育秧，秧床需要用敌克松（或者甲基硫菌灵）兑水喷雾消毒。

铺放播种纸张。泥浆育秧铺纸播种有两种方法：一是将印有种子的一面朝上进行铺纸，播种后用商品基质或过筛的细干土覆盖，以覆盖后不见种子为度；二是将印刷好的种子反铺在秧盘上，慢慢滚动，及时调整位置，使纸张平顺地粘在泥浆上，并使种子均匀进入盘中，后用手轻压纸张，使纸紧贴泥浆，4h后可揭开纸张。

盖膜揭膜。播种纸张摆放后，早稻、中稻用竹片搭拱，薄膜覆盖；一季晚稻和双季晚稻用无纺布紧贴盘上覆盖，厢边用泥固定，以防风雨冲荡。种子扎根长叶后，根据天气情况及时揭膜或者揭开无纺布。

秧田管理。放水浸至盘面，浸泡 20～24h 放干水。如果反铺，则将纸张揭掉，动作轻巧，确保不带出种子。中、晚稻秧苗达 1 叶 1 心后，每 667m² 秧苗用 150g 多效唑溶液细水喷雾，以促根分蘖和根系生长；当秧苗 2 叶 1 心时每 667m² 秧田追尿素 3～4kg。种子破胸后、出苗前秧床表面无水而沟中有浅水，严防高温伤害发芽和暴雨冲刷种子，1 叶 1 心后保持平沟水。

四、简易场地分层无盘育秧技术

传统的机插秧育秧技术要求塑盘为软盘或硬盘，播种前需要人工摆盘，机插后需要将专用秧盘回收和清洗，放至专用秧盘的储藏场地。与塑盘育秧相比，双膜育秧前期所需材料和投资的成本均较少，但在实际操作过程中，双膜育秧需要将带土秧苗切割成长方形的秧块，使其能放入插秧机的插秧托中，这样切割对秧苗有严重的损伤，耗费时间和劳力。

机插稻水肥一体简易场地（秧床），可选择稻田、山坡地、水泥地，以能满足大田所需秧苗的最少育秧面积、方便搬运秧苗至大田为准。秧床构建，即在平整的育秧场地的编织布层设水肥载体层（岩棉），有孔薄膜＋无纺布层、基质层、泥土层。秧床既具有水肥储蓄的仓库作用，又具有带孔的通透作用供给水肥，有利于水稻壮苗的培育，具有显著的省工、节本、高效的特点。

育秧场地准备。将秧田整平，排干水待其硬化，或者直接找平整的水泥地。底床在平整的水稻干秧田面或水泥地上铺一张宽约 140～150cm 的编织布，然后铺上宽约 90～140cm 的岩棉作为水肥载体。应用岩棉构建的固定秧床可重复使用 5 年以上。

铺放播种纸。播种前每 500m² 秧床施用 45％复合肥 40kg 左右，最好是先将复合肥及营养剂溶解于水形成液体肥，再将液体肥均匀浇施于岩棉，形成水肥隐形库。在编织袋布上铺放无纺布，覆盖 1.5～2.0cm 厚的育秧基质，再铺放播种纸，覆盖约 0.5cm 厚的育秧基质，形成根层。育秧基质由粉碎的土壤、泥炭、稻壳炭、蛭石等混合而成。

盖膜浇水。早稻用小拱薄膜覆盖，中、晚稻用无纺布平铺覆盖。稻田育秧在播种后放水或抽水至秧床岩棉层，以缓慢湿透基质及种子。旱地、水泥地育秧在播种前浇水湿透岩棉，播种后用洒水壶浇水湿透基质及种子。

秧田管理。早稻，当膜内温度达到 35℃ 以上，揭开两端薄膜通风换气、炼苗，或者播种后连续遇到低温阴雨时，揭开两端薄膜通风换气，预防病害。中、晚稻，当秧苗 1 叶 1 心后，揭开无纺布，同时细雾喷施多效唑溶液，以控制秧苗生长。

第三节　杂交水稻的机插秧栽培技术

一、机插秧的大田耕整

秸秆还田要每隔两年稻草还田、秋翻一次。在春季结合搅浆平地机掩埋稻秸，翻地要田面平整、深浅一致，垡片、地头整齐。

泡田整地、耕翻、旋耕，春季在整地前 2～3d 灌水泡田，达到"花达水"。水整地为黏土的要在插秧前 5～7d 进行，使土壤沉淀好。沉淀时间短会造成泥浆压秧苗、垄厢形状不明显，影响秧苗返青、分蘖。整地要田面平整、耙细、做到寸水（3.3cm）灌溉不漏泥。

二、机插秧苗的秧龄

出苗后 25～30d 左右，叶龄 4.9～5.1 叶时适时机插。由于插秧机是通过切土块、取秧苗的方式插植秧苗，因此要求播种均匀。标准土块（28cm×58cm）上的播种量，一般为 110g 左右干种，相当于每平方米播种 680g 左右。对于杂交水稻而言，为了控制大田适宜的基本苗，在保证落谷均匀和根系盘结的前提下，可以适当降低播种量。

插秧机一般采用中小苗移栽，大田整地要求田面平整，全田高度差不大于 3cm，表土软硬适中，田面无杂草。大田平整后根据沉实情况确定插秧时间，一般沙质土沉实时间为 1d，壤土需要沉实 2～3d，黏土需要沉实 4d 左右才能插秧。

三、机插秧的合理密植

一般行距 30cm，株距 11～12cm，每 $667m^2$ 栽种 1.8 万～2 万穴，每穴 3～4 苗，每 $667m^2$ 基本苗 6 万～8 万；对机插大田四周及断垄地方要及时人工补苗。机插密度每 $667m^2$ 早稻田不少于 2.4 万穴，晚稻田不少于 2.2 万穴，一季稻田不少于 1.6 万穴。30cm 行距插秧机横向抓秧 20 次，纵向 34 次；25cm 行距插秧机横向抓秧 16 次，纵向 34 次。

四、机插秧技术及其要求

插秧期：当气温稳定通过 15℃时开始插秧。机插要求达到"早、稀、浅、正、直"标准。插秧机插秧时，靠田边、地头两边要留出与机插幅度相等的作业宽度，以便圈边出田。插秧机作业时行驶要直，靠边行间隔一致，不压苗。

插秧深度要求均匀一致。一般洗根秧大苗栽插的深度以 3～4cm 为宜；带土小苗栽插深度控制在 1～2cm。要求插得稳、插得直、不侧苗、不漂秧。要求株距、行距合适，每穴秧苗数均匀、适当（比手插多 1～2 苗），不宜过多。要减少漏插秧、漂浮秧和损伤秧。

五、机插秧后的田间管理

推荐施肥。双季稻每 $667m^2$ 施纯氮 8～10kg，一季稻 10～12kg，分为基肥（50%）、分蘖肥（20%）、穗肥（30%）3 次施用。

大田管水。分蘖期浅水灌溉，当每 $667m^2$ 苗数达 16 万～20 万时开始晒田，晒至田泥开裂，一周后复水，干湿灌溉，孕穗至抽穗保持浅水，抽穗后干湿灌溉，成熟前一周断水。

病虫草害防治。病虫防治与常规插秧基本相同，但机插秧行距较大，草害比常规插秧田重，必要时采取二次化除，有效控制草害。

六、插秧机的维护保养及保管

插秧机每天作业后都要清洁并检查各部位，发现问题及时调整、解决；加注补充燃油、润滑油和润滑脂。同时定期按说明书要求进行保养，是保证插秧机正常工作、延长使用寿命、如期完成插秧工作的基础保障。

长期保管要求。外表清洁；放净燃油、润滑油；卸下三角皮带单独存放；润滑各润滑点及有关部位；往火花塞或进气道灌入机油 20mL 左右，转动曲轴数圈，使活塞顶部、缸套内壁、气门座有油，封闭气缸；清洗空气滤清器，然后将空气滤清器、消音器、油箱口等用布包好；栽植臂放到最下面位置防止弹簧弹力减弱。

第四节 杂交水稻单本密植大苗机插栽培技术

一、技术流程

(一) 种子精选

杂交水稻种子发芽率的国家标准为 80% 以上，离单本机插的要求有很大的差距。因此，需进一步对商品杂交水稻种子进行精选，方能满足单本密植机插对种子发芽率的高要求。采用光电比色机精选种子，可去除发霉色变的种子及种子中的米粒、杂质等，精选后种子的发芽率可提高 10% 左右（图 9-1）。

图 9-1 光电比色精选高活力杂交水稻种子

（二）种子包衣

应用商品水稻种衣剂，或者采用种子引发剂、杀菌剂、杀虫剂及成膜剂等自配的种衣剂，将精选后的高活力种子进行包衣处理（图 9-2），以防除种子病菌和苗期病虫危害，提高发芽种子的成苗率和成秧率。经包衣处理后的杂交水稻种子，一般播种后 25d 以内不需要再次进行病虫害防治。

图 9-2 杂交水稻种子包衣处理

（三）精准定位播种

应用杂交水稻定位播种机，每盘横向播种 16 行（25cm 行距插秧机）或 20 行（30cm 行距插秧机），纵向均播种 34～36 行包衣处理后的杂交水稻种子（图 9-3）。早稻定位播种 2 粒，晚稻和一季稻定位播种 1～2 粒。边播种边进行纸张卷捆，以便于运输。

图 9-3　印刷播种机精准定位播种包衣杂交水稻种子

（四）旱式育秧

旱式育秧是指干谷播种、湿润出苗、干旱壮苗的育秧方法，可采用稻田泥浆育秧、分层无盘育秧、岩棉无盘育秧、流水线设施（细土）育秧等 4 种方式。

1. 稻田泥浆湿润播种旱育秧

第一步：选择交通便捷，排灌方便，土壤肥沃，没有杂草等的稻田作秧田。于播种前 3～4d 将秧田整耕耙平后撒施 45％复合肥 500～600kg/hm² 。泥浆育秧具有育秧简便、节本高效的特点。

第二步：旋耕平田、开沟做厢、摆盘。秧床宽 130～140cm、沟宽 50cm；从田块两头用细绳牵直，四盘竖摆，秧盘之间不留缝隙；装填泥浆。把沟中泥浆剔除硬块、碎石、禾蔸、杂草等装盘（用手工或泥浆机），盘内泥浆厚度保持 1.5～2.0cm（图 9-4）。

图9-4　秧床秧盘摆放及装填泥浆

第三步：平铺印刷播种纸张。无论是正铺还是反铺，要求纸张与秧盘对齐，确保种子都能落在秧盘内。

播种纸铺放方式一：反铺。即有种子的一面朝下，边铺的同时可以用柔软一点的扫帚沾水轻轻的在纸上扫动，将种子按压到泥浆里面（图9-5左上）。纸张接触水分后粘种子的胶水会溶解，此时可以根据田间的实际情况，如果揭开纸张时种子没有被带出而是全部嵌在泥浆里，就可以选择将纸张揭开（图9-5右上）。该种方式不需要再在种子上盖土或基质。

播种纸铺放方式二：正铺。即将有种子的一面朝上将纸张铺在秧盘上，边铺边轻轻按压，以防被风吹起（图9-5左下）。纸张铺完后，在种子上覆盖专用基质或干土0.5～1.0cm，并确保水分湿透基质或干土（图9-5右下）。

第四步：搭小拱棚或盖无纺布。早稻育秧需要搭小拱棚保温，中晚稻需盖无纺布以防止暴雨、鼠害、鸟害等。盖无纺布后如果遇到雨水天气，要及时将无纺布上的雨水抖干净，避免水珠形成密闭的空间，造成高温烧苗（图9-6）。

第五步：湿润管理。种子破胸后、出苗前厢面湿润（无水层），出苗后干旱管理炼苗。对于早、中稻，当膜内温度达到35℃以上，揭开两端薄膜通风换气，炼苗；播种后连续遇到低温阴雨时，揭开两端薄膜通风换气，预防病害。双季晚稻1叶1心期用15％的多效唑粉剂 960g/hm²，兑清水 480kg 细雾喷施，以促进分蘖发生和根系生长。

图 9-5　铺放播种纸

（左上：种子朝下；右上：揭开播种纸；左下：种子朝上；右下：种子覆盖基质）

图 9-6　覆盖无纺布或小拱薄膜

2. 固定秧床肥水分层无盘旱育秧

第一步：选择稻田、山坡地、水泥坪作育秧场地，平整分厢作秧床。分层无盘旱育秧具有育秧简便、出苗率高、节本高效的特点。

第二步：利用岩棉构建固定秧床，将秧床分为水肥层和根系基质层。铺放岩棉构建肥水层。在选择的固定秧床开沟分厢作秧床，秧床上铺放 2.5cm 厚的岩棉，岩棉可多年反复使用。播种前按每公顷施用 45% 复合肥 500～600kg 溶解于水后均匀洒施于岩棉，并浇水湿透形成肥水层。在岩棉上铺放编织袋布或有孔薄膜作隔离层（图 9-7）。

图 9-7 铺放岩棉及有孔薄膜（编织袋布）制备固定秧床

第三步：铺放基质和播种纸。铺放无纺布后装填厚约 1.5cm 的基质（图 9-8 左），在基质上铺放播种纸，再覆盖约 0.5cm 厚的基质（图 9-8 右）。铺放无纺布、装填基质，播种纸、覆盖基质可用遥控操作覆土机同步完成（图 9-8）。

第四步：覆盖无纺布、浇水。在基质上覆盖无纺布保温、防雨水冲刷、鸟害等。稻田育秧灌水，平齐秧床岩棉，旱地或水泥地育秧需要喷水或喷灌湿透基质，以便种子吸水发芽（图 9-9）。

图 9-8　铺放无纺布、装填基质、铺放播种纸、覆盖基质

图 9-9　秧床搭小拱棚覆盖薄膜或者平铺无纺布

第五步。湿润管理。种子破胸后至出苗保持基质湿润，出苗后干旱管理炼苗。早、中稻需要覆盖薄膜保温，当膜内温度达到 35℃以上，通风换气、炼苗；播种后连续遇到低温阴雨时，揭开两端通风换气，预防病害。晚稻 1 叶 1 心期用 15％的多效唑粉剂 960g/hm²，兑清水 480kg 细雾喷施。晚稻还要注意保持无纺布干燥，防止高温高湿伤芽。秧床可选择稻田或旱地（图 9-10）。

3. 岩棉替代基质无土无盘旱育秧

第一步：选择稻田、山坡地、水泥坪作育秧场地，平整分厢作秧床，在秧床铺放编织袋布或有孔薄膜，以岩棉替代基质育秧，具有出苗率高、成苗率高、秧苗搬运方便、省工节本的特点。

第二步：铺放岩棉构建水肥层。在秧床上铺放编织袋布或有孔

图 9-10　稻田（左）或旱地（右）肥水分层无盘旱育秧现场

薄膜作隔离层，再铺放 12mm 厚的岩棉替代基质，岩棉随同秧苗插入大田，即一次性使用。播种前按每公顷施用 45% 的复合肥 500~600kg 溶解于水后均匀洒施于岩棉，浇水淋湿岩棉，以构建适应秧苗生长需要的水肥层（图 9-11）。

图 9-11　秧床铺放编织袋布、无纺布、岩棉

　　第三步：铺放播种纸。将播种纸正面铺放在岩棉上，注意播种纸与岩棉对齐，确保种子都在岩棉上，铺放播种纸后覆盖厚约 0.5cm 的基质（图 9-12）。

　　第四步：搭拱棚盖膜或平铺无纺布。早稻育秧需要搭小拱棚保温，晚稻需盖无纺布以防止暴雨、鼠害、鸟害等。盖无纺布后如果遇到雨水天气，一定要及时将无纺布上的雨水抖干净，避免水珠形成密闭的空间，造成高温烧苗（图 9-13）。

图9-12　铺放播种纸、覆盖基质或过筛细土

图9-13　秧床搭小拱棚覆盖薄膜或平铺无纺布

第五步：秧田管理。同肥水分层无盘育秧方式。

4. 流水线播种设施旱育秧

第一步：上流水线育秧。利用流水线播种，结合装填基质（细土）、播种、覆盖、浇水进行大棚育秧或场地育秧，即在不改变传统机插育秧方式的基础上，在流水线上搭架支撑播种纸，以播种纸替代传统的流水线播种器，仅仅是改变播种方式，而不改变育秧方式。

第二步：在流水线上铺放播种纸。关闭流水线播种斗，并在播种斗的位置前后错落安装两个支架将纸筒架起。当机器开动，秧盘填完底土后经过支架时，将纸张与秧盘对齐并牵引一段距离使纸卷可以跟着机器同步转动。两个支架上的纸筒要做好衔接，确保不漏播（图9-14）。

图9-14　播种纸上传统流水线育秧作业（左）和秧床铺放（右）

　　第三步：叠盘催芽及秧苗管理。播种后可直接将秧盘摆放到育秧场地上进行叠盘催芽。种子破胸后、出苗前厢面湿润（无水层），早、中稻，当膜内温度达到35℃以上，揭开两端薄膜通风换气、炼苗；播种后连续遇到低温阴雨时，揭开两端薄膜通风换气，预防病害。晚稻，当秧苗1叶1心后，揭开无纺布。对于双季晚稻，1叶1心期用15％的多效唑粉剂960 g/hm²，兑清水480kg细雾喷施，以促进分蘖发生和根系生长（图9-15）。

图 9 - 15 叠盘催芽、摆放秧盘

(五)起秧、运秧、插秧

采用上述 4 种育秧方式培育的秧苗,均可卷筒起秧(图 9 - 16)。运秧、插秧,机插秧与传统机插秧方式相同(图 9 - 17)。于插秧前 2d 平整稻田,当秧龄为出苗后 20～30d(或秧苗 4～6 叶期)进行插秧,机插密度为:杂交早稻约 30 万～36 万穴/hm²,杂交晚稻约 25 万～30 万穴/hm²,一季杂交水稻约 20 万～25 万穴/hm²。

图 9 - 16 场地育秧起秧(左)、岩棉育秧起秧(右)

图 9 - 17　起秧、运秧与插秧

二、试验基本情况与结果

(一)试验基本情况

2015 年在湖南省浏阳市永安镇进行了杂交水稻单本密植大苗机插栽培技术试验，试验采用随机区组排列，重复 3 次，小区面积 80m²。以秧田泥浆为基质，采用硬盘（58.0cm×23.0cm×2.5cm）育秧，其中单本密植机插秧苗每盘用种量为 14.4g（泰优 390）和 13.5g（五优 308），传统机插秧每盘用种量为 80g。种子采用光电比色筛选剔除霉变和种壳脱落的种子，单本密植机插秧苗应用印刷播种机将种子单粒定位播种。田间播种时把附有种子的纸张平铺于秧盘上，传统机插秧是用手工撒播，播种后种子覆盖 0.5cm 左右厚的育秧基质。秧龄 20d，插秧机采用井关 PZ80 - 25 乘坐式高速插秧机插秧，插秧规格 25cm×11cm。单本密植机插每穴栽插 1 苗，常规机插每穴栽插 4～5 苗。移栽前施复合肥（N：P_2O_5：K_2O＝15％：15％：15％）500kg/hm² 作为基肥，移栽后 7d 追施尿素 75kg/hm² 作分蘖肥，倒 3 叶期追施尿素 90kg/hm² 和氯化钾 120kg/hm² 作穗肥。其他田间管理、病虫及杂草防治与当地高产栽培一致。

(二)试验结果

1. 不同播种方式对秧苗素质的影响　从表 9 - 1 可以看出，印刷播种处理叶龄、秧苗高、白根数、总根数、茎基宽、茎叶干重、根干重均明显高于常规播种。根据以往的经验，印刷播种（稀播）有利于杂交水稻秧苗素质的提高，但印刷播种（稀播）比传统播种（密播）秧龄增加，即在 25d 秧龄条件下叶片数多 1.02～1.13 叶，以往没有见到报道，尚属新的发现。这可能是生产上传统机插秧比手工插秧生育期延迟的原因之一。

表 9-1　不同播种方式对机插杂交水稻秧苗素质的影响（2015，长沙）

品种	处理	叶龄	秧苗高（cm）	白根数	总根数	茎基宽（mm）	茎叶干重（mg）	根干重（mg）	根冠比
泰优 390	印刷播种	4.86	19.8	18.5	19.4	3.35	61.6	17.7	0.32
	传统播种	3.84	16.2	7.9	12.5	2.34	23.9	7.7	0.29
五优 308	印刷播种	4.92	21.6	18.1	19.3	3.52	70.3	23.7	0.34
	传统播种	3.79	15.6	8.1	10.6	2.21	21.0	7.8	0.34

2. 单本密植机插对分蘖动态的影响　图 9-18 表明，常规机插的基本苗起点高（每穴 4～5 本苗），移栽后单穴分蘖数高于单本密植机插，但到高峰苗后期差距不断缩小，单本密植机插的有效分蘖期为 16～17d。可见，单本密植机插可以充分利用杂交水稻分蘖能力强的特点，在较短的时间内达到足够的有效分蘖数。生产上，一般在移栽后 15～20d 达到预期的有效分蘖数。

3. 单本密植机插对产量及产量构成的影响　表 9-2 表明，杂交水稻单本密植机插收割产量为 9.55～10.11t/hm²，比传统机插增产 10%。产量构成除有效穗数低于传统机插外，每穗总粒数、总颖花数、结实率、千粒重均高于传统机插。从穗部结构来看，单本密植机插的一次枝梗数、二次枝梗数、穗长、着粒密度、单穗重均高于传统机插，尤其是二次枝梗数和单穗重均有所增加（表 9-3）。

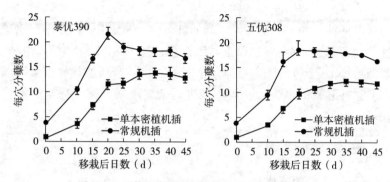

图 9-18　单本密植机插和常规机插对杂交水稻
分蘖动态的影响（2015，长沙）

表 9-2　不同播插方式对机插杂交水稻产量及产量
构成的影响（2015，长沙）

品种	处理	有效穗数 （No./m²）	每穗总 粒数	总颖花数 （×10³/m²）	结实率 （%）	千粒重 （g）	收割产量 （t/hm²）
泰优 390	单本密植机插	355	142	50.35	72.6	23.24	9.55
	传统机插	504	88	44.52	71.2	23.01	8.66
五优 308	单本密植机插	314	164	52.24	75.4	22.43	10.11
	传统机插	465	112	51.42	68.2	21.83	9.03

表 9-3　不同播插方式对机插杂交水稻稻穗
结构的影响（2015，长沙）

品种	处理	一次枝梗数 （No./穗）	二次枝梗数 （No./穗）	穗长 （cm）	着粒密度 （粒/cm）	单穗重 （g）
泰优 390	单本密植机插	10.28	29.13	22.10	6.42	2.39
	传统机插	8.47	15.80	19.51	4.53	1.44
五优 308	单本密植机插	10.53	33.89	21.81	7.51	2.77
	传统机插	9.05	22.98	19.84	5.66	1.67

从生产示范情况看，种子质量、播种质量、育秧技术等到位，能够保证秧苗的出苗整齐度，降低机插秧的漏秧率。由于杂交水稻种子发芽率达不到 98% 以上，因此生产上早稻播种 2 粒，中稻、晚稻播种 1~2 粒种子。同时，生产上通过适当增加栽插密度，以密度弥补漏蔸的损失，从而实现机插杂交水稻分蘖大穗丰产增效栽培。

三、技术优势

(一) 主要技术优势

一是省种。机插杂交水稻的用种量减少 50% 以上，每 667m² 大田节约种子成本 60~80 元。

二是秧龄期长。秧龄延长到 4.9~5.5 叶，秧田期延长 10~15d，实现了杂交水稻大苗机插，缓解了机插双季稻生产的季节矛盾。大苗机插的秧苗发根节位多（表 9-4），加之秧苗素质好（图 9-19 左），有利于插秧后返青活苗和早生快发。

表 9-4　不同秧龄期机插杂交水稻秧苗的发根节位数及栽插密度

品种类型	秧苗叶片数 （叶）	发根节位数 （个）	7 寸 * 机行株距 （cm×cm）	9 寸机行株距 （cm×cm）
双季早稻	2~3 4~5	1~2 3~4	25×12	30×11
双季晚稻	5~6	4~5	25×14	30×12
一季中稻	4~5	3~4	25×17	30×14

三是增产。田间个体与群体生长发育协调，杂交水稻分蘖大穗的增产优势明显（图 9-19 右）。多年多点测产比较，一般比传统机插栽培增产 10% 以上。

四是育秧简便。塑盘泥浆育秧或分层无盘旱育秧简便易行，育

---

* 寸为非法定计量单位，1 寸≈3.3cm，下同。——编者注

秧基质制备简便，每 667m² 大田节约育秧成本 20～40 元。

图 9 - 19　秧苗素质比较（左）与高产示范（右）

（二）其他技术优势

一是活蔸快分蘖早。大苗秧比中小苗秧栽插时增加了 2～3 个发根节位，加之精准播种条件下秧苗粗壮，有利于减少机器插秧造成的损伤，有利于秧苗机插后返青分蘖。

二是有利杂草防除。大苗秧可在大田浅水条件下机插，既便于机器分秧、抓秧、插秧，又有利于控制杂草种子的萌发，秧苗浅水机插有利于控制田间杂草。

三是抗病抗倒性强。单/双本机插提高了分蘖成穗率，优化了群体结构，改善了群体内通风透光条件，降低了群体内及单穴内的湿度，有利于控制水稻纹枯病的危害，有利于增强茎秆抗倒伏能力。

参考文献

敖和军，王淑红，邹应斌，等，2008. 超级杂交水稻干物质生产特点与产量稳定性研究［J］. 中国农业科学，41（7）：1927-1936.

敖和军，王淑红，邹应斌，等，2008. 不同施肥水平下超级杂交水稻对氮磷钾的吸收累积［J］. 中国农业科学，41（10）：3123-3132.

刁操铨，1995. 作物栽培学各论：南方本［M］. 北京：中国农业出版社.

高亮之，金之庆，黄耀，等，1989. 水稻计算机模拟模型及其应用之一水稻钟模型——水稻发育动态的计算机模型［J］. 中国农业气象，10（3）：3-10.

纪洪亭，冯跃华，何腾兵，等，2013. 两个超级杂交水稻品种物质生产的特性［J］. 作物学报，39（12）：2238-2246.

蒋鹏，黄敏，Md Ibrahim，等，2011. "三定"栽培对双季超级养分吸收积累及氮肥利用率的影响［J］. 作物学报，37（12）：2194-2207.

蒋鹏，黄敏，Md Ibrahim，等，2011. "三定"栽培对双季超级稻产量形成及生理特性影响［J］. 作物学报，37（5）：855-867.

李昌华，曾可，韦善清，等，2011. 不同耕作方式下水分管理对水稻水分利用的影响［J］. 作物杂志（4）：81-84.

刘武，谢明德，黄林，等，2008. 氮肥用量和移栽密度对超级早稻干物质积累及叶蘖生长的影响［J］. 作物研究，22（4）：243-248.

魏颖娟，赵杨，邹应斌，2016. 不同穗型超级稻品种籽粒灌浆特性［J］. 作物学报，42（10）：1516-1529.

魏颖娟，夏冰，赵杨，等，2016. ^{15}N示踪不同施氮量对超级稻产量形成及氮素吸收的影响［J］. 核农学报，30（4）：783-791.

夏冰，赵杨，魏颖娟，等，2015. 不同种植地点超级杂交水稻产量及氮磷钾吸收积累特点［J］. 浙江大学学报（农业与生命科学版），41（5）：547-557.

徐云姬，许阳东，李银银，等，2018. 干湿交替灌溉对水稻花后同化物转运和籽粒灌浆的影响［J］. 作物学报，44（4）：554-568.

余青，2010. 不同灌溉方式对水稻产量及水分利用率的影响［J］. 贵州农业科
学，38（8）：37-39.

袁小乐，潘晓华，石庆华，等，2010. 超级早晚稻的养分吸收和根系分布特性
研究［J］. 植物营养与肥料学报，16（1）：27-32.

邹应斌，夏胜平，2011. 杂交水稻"三定"栽培的理论与技术［M］. 长沙：
湖南科学技术出版社.

邹应斌，万克江，1998. 水稻适度规模与三定栽培技术［M］. 北京：中国农
业出版社.

程式华，曹立勇，陈深广，等，2005. 后期功能型超级杂交水稻的概念及生物
学意义［J］，中国水稻科学，19（3）：280-284.

蒋彭炎，2009. 科学种稻新技术［M］. 北京：金盾出版社.

凌启鸿，1996. 水稻叶龄模式的应用［M］. 南京：江苏科学技术出版社.

凌启鸿，张洪程，戴其根，等，2005. 水稻精确定量施氮研究［J］. 中国农业
科学，38（12）：2457-2467.

翟虎渠，曹树青，万建民，等，2002. 超高产杂交水稻灌浆期光合功能与产量
的关系［J］. 中国科学（C辑），32（3）：211-218.

许德海，王晓燕，马荣荣，等，2010. 重穗型籼粳杂交水稻甬优6号超高产生
理特性［J］. 中国农业科学，43（23）：4796-4804.

杨建昌，张建华，2019. 水稻高产节水灌溉［M］. 北京：科学出版社.

朱德峰，林贤青，曹卫星，2000. 超高产水稻品种的根系分布特点［J］. 南
京农业大学学报，23（4）：5-8.

邹应斌，夏冰，蒋鹏，等，2015. 水稻生产目标产量确定的理论与方法探讨
［J］，中国农业科学，48（20）：4021-4032.

Achim Dobermann，Thomas Fairhurst，2000. Rice nutrient disorders & nutri-
ent management［M］. Manila：International Rice Research Institute.

Ma Carmelita，R Albertoa，Roland J Buresh，et al，2013. Carbon uptake and
water productivity for dry-seeded rice and hybrid maize grown with overhead
sprinkler irrigation［J］. Field Crops Research，146：51-65.

Peng Jiang，Xiaobing Xie，Min Huang，et al，2015. Comparisons of yield per-
formance and nitrogen response between hybrid and inbred rice under different
ecological conditions in southern China［J］. Journal of Integrative Agricul-
ture，4（7）：1283-1294.

Shaobing Peng，Roland J. Buresh，Jianliang Huang，et al，2006. Strategies for overcoming low agronomic nitrogen use efficiency in irrigated rice systems in China ［J］. Field Crops Research，96：37 - 47.

Yongjian Sun，Jun Ma，Yuanyuan Sun，et al，2017. The effects of different water and nitrogen managements on yield and nitrogen use efficiency in hybrid rice of China ［J］. Field Crops Research，27：85 - 98.

附 录

杂交水稻生产技术问答

1. 生产上杂交水稻与常规水稻有何区别?

与常规水稻比较,生产上杂交水稻表现出根系发达、分蘖发生多、成穗率高、每穗粒数多、稻穗整齐度好、干物质生产量大、稻谷产量高等杂种优势,一般比常规水稻增产 10% 以上。另外,优质杂交水稻的稻米品质已达到国家一级、二级稻米标准,与优质常规水稻差异不大,还具有抗倒伏、耐旱等优点。尽管种植杂交水稻的种子成本较高,但由于其高产稳产,种植效益仍然高于常规水稻。与三系杂交水稻比较,生产上两系杂交水稻的产量和稻米品质表现更为稳定。

2. 什么是多熟制杂交水稻?

多熟制作物种植是指一年种植两季或三季作物。中国人多地少,发展作物多熟种植是保障国家粮食安全的重要举措。例如,双季杂交水稻,即一年种植两季杂交水稻,适合于长江流域北纬 29°以南、海拔 300m 以下地区;又如,杂交水稻-油菜或杂交水稻-小麦等一年两熟作物种植,适合于长江流域稻区,包括上游、中游和下游大部地区。但是,作物多熟种植限制了规模化生产的发展,因为生产规模越大,作物"抢收抢种"需要的农耗时间越长,农耗时间延长等于缩短了作物的生长期。

3. 如何选择杂交水稻品种?

作物品种选择的原则首先要与生产目标相一致,有的要求高产,有的要求优质,但生产上还是以稳产高产兼顾优质为主比较稳妥;其次要考虑生产规模的大小及品种的生育期,是一年一熟种植，还是一年多熟种植。多熟种植要考虑前、后茬作物的品种搭配。例如，双季杂交水稻、杂交水稻-油菜、杂交水稻-小麦；第三要考虑品种的抗病性、抗虫性，以及耐热性、耐冷性、抗倒性等生态适应性。

4. 杂交水稻是否能自留种子？

杂交水稻是在遗传上没有稳定的杂合体，利用的是其 F_1 代的杂种优势，自留种子（后代）种植的生育期、株高、穗型、叶片、结实性、抗性等会产生分离，甚至产生不育籽粒。因此，杂交水稻不能自留种子种植，需要年年购买种子。常规水稻是遗传上基本稳定了的纯系，后代很少发生分离，在田间除杂的前提下，可自留种子种植。但是，即使是常规水稻种子，最好不要自留种子，因为自留种子容易混杂，甚至发生分离变异，影响优质稻的产量和稻米品质。

5. 双季杂交水稻适宜在什么时间播种？

长江中游地区双季早稻适宜播种期为 3 月下旬至 4 月初，当日平均温度稳定在 12 ℃以上的初始日期，抢"冷尾暖头"播种；晚稻的播种期则要根据品种的生育期、秧龄弹性及早稻收割期而定，以出苗到安全齐穗所需的日数倒推，一般在 6 月 15～25 日播种。生产上，早稻因为早播，即在 3 月上中旬开始播种，时常遇低温阴雨造成烂秧；晚稻因为迟播，即推迟到 6 月底才播种，抽穗开花时常遇寒露风（连续 3d 日平均温度≤22℃）危害，影响安全齐穗，开花授粉受精困难，增加不育粒率。生产上，对于安全齐穗期比较重视，而对安全灌浆期几乎没有概念。灌浆期间如果连续 3d 日均温≤14℃，则穗部枝梗遭遇冷害，堵塞光合产物向稻穗的运输，影响结实率和千粒重。例如，2020 年 10 月 5～7 日的日均温低至 12～13℃，导致晚稻严重减产。

6. 油菜、小麦茬后杂交水稻适宜在什么时间播种？

两熟制作物的适宜播种期的确定原则是有利于两季作物稳产高产，尤其是开花期到成熟期这段时间的光照条件要有利于籽粒的灌浆结实。生产上，应根据当地的自然条件因地制宜确定适宜的播种期、开花期、成熟期。如，长江中、下游地区稻油两熟种植，杂交水稻可在 5 月 5～10 日播种，6 月上旬插秧，9 月下旬收割；油菜可在 9 月 30 日以前播种（撒播），翌年 5 月中下旬机械收割。可见，油菜直播与机插杂交水稻一年两熟种植，两季作物间没有休闲期。若稻油两季作物均采用直播栽培，则时间更为紧张，甚至只能种植短生育期的杂交水稻品种。

7. 早稻设施育秧是否可以提早播种?

如果有大棚、育秧工厂等设施育秧，也不能提早播种早稻，因为水稻安全移栽的温度是日平均温度在 15℃ 以上，而长江流域 4 月上中旬气温变化难以预测，常常出现日平均温度在 15℃ 以下的低温时段。低温期间不能插秧或抛秧，这是因为日均温 14℃ 以上水稻根系才能正常生长。因此，即使在育秧工厂或温室大棚培育出了秧苗，却不一定有适合的天气插秧，尤其是机插秧苗的秧龄弹性小，需要及时栽插。生产上，"只能田等秧苗，不能秧苗等田"。2022 年 4 月 15—17 日湖南全省连续 3d 日均温降低至 9～13℃，不仅不能插秧，就连薄膜覆盖的秧苗或已栽插（抛栽）到大田的秧苗均出现了不同程度的青枯死苗现象。

8. 水稻机插有哪些育秧方式?

早期的机插水稻育秧是将有孔薄膜铺放到秧床上，再在有孔薄膜上装填泥浆或经粉碎过筛的细旱土，四周用木条框围，以防止泥浆流失。然后，在泥浆上播种芽谷、泥浆踏谷，或者在过筛的细土上播种芽谷，覆盖薄层土壤/基质，浇水。由于早期的有孔薄膜育秧在插秧前需要切割成块，比较费工费力，后来采用成块性好的软盘育秧或硬盘育秧。目前，在东北三省、江苏、安徽、湖北、重庆、四川、浙江等一季稻区，主要采用软盘、硬盘流水线装填过筛细土旱育秧，而在湖南、江西、广东、广西等双季稻区，大多采用软盘、硬盘装填泥浆，用简易播种器播种、踏谷、湿润育秧，或者采用软盘、硬盘流水线装填过筛细土或基质、播种、浇水、覆土旱育秧。每种育秧方法都有其优缺点，亦有其适用的区域。

9. 杂交水稻机插如何选择育秧方式？

推荐 4 种育秧方式：①塑盘泥浆湿润育秧，即在秧床摆放软盘或硬盘，盘中用秧厢沟中的泥浆装填，平铺播种纸后覆盖基质，或者用播种器播种的育秧方式，适用于土壤中没有碎石块的洞庭湖区。②流水线硬盘基质旱育秧，即播种纸平铺或者用流水线播种于装填有过筛细土的硬盘，再覆盖基质的旱育秧方式，适用于一季稻区。③固定秧床肥水分层无盘旱育秧，即秧床铺放岩棉作固定秧床，浇施肥水，在岩棉上平铺无纺布，装填过筛细土，平铺播种纸，覆盖基质的无盘旱育秧方式，适用于双季稻和一季稻混作区。④以岩棉替代基质的无盘育秧，即在秧床依次平铺有孔薄膜、无纺布、厚约 12mm 的岩棉，然后浇施肥水、平铺播种纸、覆盖基质的育秧方式，适用于山丘区。

10. 晚稻应用杂交水稻单本密植大苗机插栽培技术有何优势？

杂交水稻单本密植大苗机插栽培技术，简称"三一"栽培技术，即指一粒种、一棵秧、一蔸禾机械化种植杂交水稻的技术，具有用种量少、秧龄期长、秧苗素质好等技术特点，在双季杂交晚稻生产中应用具有更大的技术优势。

双季晚稻全生育期为 110～120d，要求在 6 月 25 日以前播种，才能保证在 9 月 15 日之前安全齐穗。对于种粮大户，完成早稻收割、晚稻插秧的农耗时间只有 15～20d。因此，机插杂交晚稻的秧龄期需要 20～30d，即要求大苗机插。由于双季晚稻育秧期间的高温、强光照天气，秧苗生长发育快，栽插时秧苗有 5～6 片叶，而传统机插秧的播种量大，适宜秧龄期仅有 15d，秧苗 3 叶期需要配套栽插。因此，机插杂交晚稻需要配套稀播、匀播的精准定位播种方法，以延长秧龄期，培育壮秧，实现大苗机插。加之，大苗机插的秧苗发根节位多，在浅水灌溉条件下插秧，秧苗返青活苗快。

11. 杂交水稻大苗机插有什么优点？

秧苗的发根节位与叶龄（n）增长有关，表现为 $n-3$ 的叶根同伸关系，即 4 叶期秧苗，第 1 叶节位发生不定根；3 叶期秧苗，不完全叶节位发生不定根；2 叶期秧苗，仅有芽鞘节发生不定根。可见，小苗秧（3 叶期）发生的不定根少，机械栽插时容易损伤根系，加之播种密度大，秧苗生长瘦弱，栽插后秧苗返青活苗慢，影响分蘖的早生快发。大苗秧（5～6 叶期）发根节位多，根系生长量大，抗机械损伤的能力强，插秧后返青分蘖快。另外，大苗机插可在浅水灌溉条件下插秧，即使大田不太平整也不影响机械插秧作业。

12. 杂交水稻种子包衣有什么作用？

水稻种子包衣可有效预防恶苗病、立枯病等种传病害，以及稻飞虱、稻蓟马等苗期虫害，是节省农药、节省用工的高效栽培技术，已在棉花、小麦、玉米、油菜等旱地作物生产上广泛应用。但是，水稻种子包衣至今没有在生产上大面积推广应用。包衣后的杂交水稻种子从播种到移栽约 30d 秧田期间，不需要防治病虫害，也不需要在浸种催芽时进行种子消毒。因此，种子包衣后浸种催芽及育秧期间，可减少劳动用工，节省杀菌剂、杀虫剂等农药用量，起到事半功倍的效果，尤其是对于直播稻栽培省工、省药的意义更大。

13. 杂交水稻种子是否可以干谷播种？

20 世纪 60～70 年代，早稻育秧期间没有薄膜覆盖，生产上需要浸种催芽后播种，浸种催芽的种子芽齐、芽壮，有利于播种后快速出苗。于是，浸种催芽后播种的方法在中国一直沿用至今。事实上，杂交早稻种子干谷播种后，在有薄膜覆盖的条件下，晴天膜内温度容易上升到 30℃ 左右，达到种子发芽及出苗的适宜温度。若保持秧床湿润，种子在吸收足够的水分后，在薄膜覆盖的条件下也能够顺利发芽，不一定需要浸种催芽后播种。由于种子发芽没有经过高温催芽阶段，在自然条件下发芽的种子，出苗后秧苗的耐冷性、耐热性、耐旱性等抗逆性更强。也就是说，在有薄膜覆盖的条件下，尤其是大棚育秧，不一定要经过浸种催芽后播种，生产上可以干谷播种。

14. 水稻高温烧芽如何预防？

双季早稻 35℃ 以上高温烧芽发生在种谷上堆催芽期间，双季晚稻采用三起三落浸种催芽，在播种后水温达到30℃以上会导致热水烫芽。干谷播种后在秧床吸足水分后发芽，如果遇到高温天气，容易发生高温烧芽或湿热伤芽。因此，晚稻从播种到出苗期间要求保持土壤湿润，秧床表面不见水，以预防热水伤芽；出苗后需要采用日排夜灌，即白天秧床排干水，夜晚浅水灌溉，或者灌溉"跑马水"。值得注意的是，早稻、中稻育秧期间，如遇持续晴天（膜内≥35℃），一定要及时揭膜通风；晚稻高温期间育秧，播种后在平铺无纺布的基础上，需要搭拱覆盖遮阳网，或者白天揭开无纺布，晚上再覆盖，以预防高温烧芽。

15. 水稻秧苗出现青枯现象是否可以补救？

水稻育秧期间，如果连续3d遭遇到12℃以下低温冷害后，当天气转晴温度快速升高时，秧苗由于生理失水容易出现青枯卷筒现象，尤其是2～3叶期的秧苗和根系生长不好的秧苗。对于出现青枯卷筒现象的秧苗，稻田育秧的应尽快灌溉浅水保苗；旱地育秧的在尽快补水的基础上，还应尽早喷施生长调节剂。如果秧苗的根系为白色或黄色，说明秧苗的心叶还好，在喷施生长调节剂后一般可以恢复生长。如果秧苗在冷害期间，先出现黄枯死苗、后出现青枯死苗现象，则秧苗难以恢复生长。

16. 机插杂交水稻每穴栽插多少基本苗合适？

杂交水稻的分蘖能力强，如每穴栽插的苗数过多，则田间群体总苗数过多，不利于个体生长发育，也不利于发挥杂交水稻分蘖大穗的增产优势。加之，杂交水稻种子价格高，每667m² 大田的种子用量大，会直接增加生产成本。因此，机插杂交水稻需要适当稀播、匀播。稀播以减少种子用量，秧龄期延长到30d，实现大苗（5～6叶期）机插；匀播以减少漏插秧的比例。印刷播种应用淀粉胶将种子均匀固定在纸张上，实现了稀播、匀播，是机插杂交水稻精准播种简单而有效的方法。生产上，杂交早稻每667m² 栽插1.9万穴以上，每穴2～3苗；晚稻每667m² 栽插1.6万～1.9万穴，每穴约2苗；一季稻每667m² 栽插1.3万～1.6万穴，每穴1～2苗。

17. 机插杂交水稻在插秧后是否需要补苗?

常规水稻机插秧栽培,漏插率控制在 5% 以内,每穴栽插的基本苗数较多,不需要补苗。杂交水稻机插每穴栽插的基本苗较少,但即使每穴只栽插 1~2 苗,如果没有成行成片的漏插秧,即使插秧后看起来稀稀拉拉的,也不需要补苗。杂交水稻的分蘖能力强,加之适当密植,以密补漏自我补偿的功能强。如,一季杂交水稻每 $667m^2$ 栽插 1.6 万穴,以 10% 的漏插率计算还有 1.44 万穴,如果每穴的有效穗数达到 11~12 穗,就能够达到高产栽培所要求的有效穗数。但是,如果出现成行成片的漏插秧,则需要补苗。

18. 种植杂交水稻比常规水稻是否需要多施氮肥?

从单位面积氮肥用量来说,杂交水稻比常规水稻氮肥用量需要适当增加,但从每 100kg 稻谷需氮量来说,杂交水稻的需氮量与常规水稻没有区别,生产上一般每 100kg 稻谷需氮量为 1.6~1.8kg。这是因为杂交水稻的产量高于常规水稻,即大田施氮量高于常规水稻,需氮量可由增加的稻谷产量弥补;另一方面,杂交水稻的根系发达,能够从土壤中吸收更多的氮素,即杂交水稻从土壤中吸收氮素的比例高于常规水稻。生产上,杂交水稻需要适当增加氮肥用量,尤其是在生长前期适当增施氮肥,以促进分蘖生长。

19. 杂交水稻机插与手插的田间管理是否有差异?

机插杂交水稻的田间管理与秧苗的秧龄有关。如果栽插的是大苗秧,则栽插后与手插秧的田间管理相同;如果栽插的是小苗秧,则与抛秧栽培的田间管理相同。如,机插杂交水稻"三一"栽培技术,栽插大苗秧,加之精量播种培育的秧苗健壮,插秧后返青分蘖快,其田间管理与手插秧没有差异,可在有水条件下插秧,插秧后 3~5d 施用分蘖肥和除草剂,即尿素拌除草剂撒施;如栽插的是小苗秧,则要在插秧后灌溉浅水,插秧后 6~8d 施用分蘖肥和除草剂。

20. 杂交水稻直播栽培有何优缺点?

在生长期不受限制的条件下,直播杂交水稻产量高、经济效益高。但是,在多熟种植条件下,直播栽培没有秧龄期,品种的生育期缩短，难以获得高产。如，双季稻种植，杂交晚稻则不能直播栽培。杂交水稻-油菜两熟种植均采用直播栽培，则不利于获得高产和高经济收益。其一，油菜采用机械收割，需要等到角果干枯至生理成熟，杂交水稻播种期被推迟到 5 月底到 6 月初，10 月上旬成熟，油菜播种推迟，不利于冬发；其二，直播杂交水稻的用种量增加 1 倍（每 667m² 1.7～2.0kg），种子成本大幅增加；其三，直播杂交水稻除草困难，每 667m² 除草费用 50～150 元。这样，增加的种子和除草费用，相当于杂交水稻"三一"栽培技术机插及育秧的成本；其四，对于优质水稻或优质杂交水稻，多数品种的抗倒伏能力不强，直播栽培会增加倒伏的风险。

图书在版编目（CIP）数据

杂交水稻高产高效实用栽培技术／邹应斌主编；黄敏，万克江副主编. —北京：中国农业出版社，2022.12（2025.1重印）

ISBN 978-7-109-29970-2

Ⅰ.①杂… Ⅱ.①邹… ②黄… ③万… Ⅲ.①杂交－水稻栽培－研究 Ⅳ.①S511

中国版本图书馆 CIP 数据核字（2022）第 163294 号

中国农业出版社出版

地址：北京市朝阳区麦子店街 18 号楼

邮编：100125

责任编辑：郭银巧　黄　宇

版式设计：杜　然　责任校对：吴丽婷

印刷：中农印务有限公司

版次：2022 年 12 月第 1 版

印次：2025 年 1 月北京第 2 次印刷

发行：新华书店北京发行所

开本：880mm×1230mm　1/32

印张：5.5

字数：152 千字

定价：38.00 元